理科少女の料理實驗室 4

依依不捨的酸甜蘋果派

山本 史やまもと ふみ 著
nanao 繪
緋華璃 譯

目錄

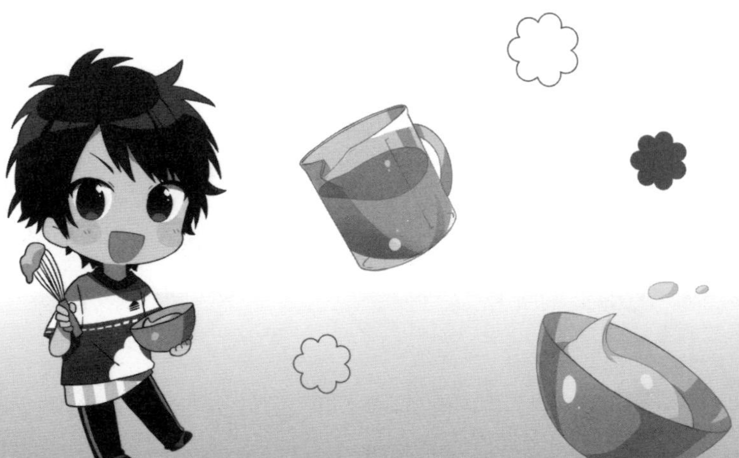

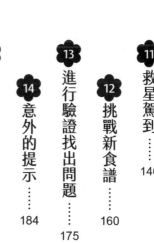

人物介紹

佐佐木理花

小學五年級，擅長理化，
經常和蒼空同學一起做甜點。

廣瀨蒼空

小學五年級，班上最帥的男生，
正在學習如何當一名優秀的甜點師傅。

廣瀨由宇

小學五年級，蒼空的親戚，
自稱與蒼空有一個「重要的
約定」。

葉大哥

Patisserie Fleur的員工。

蒼空同學的爺爺

Patisserie Fleur
唯一的甜點師傅。

金子百合

小學五年級，理花和
蒼空的同班同學。

石橋脩

小學五年級，轉學生，
興趣是學習。

1 暴風雨的前兆

我無法理解眼前正在發生的事，因為……蒼空同學和一個長得很可愛的「女生」抱在一起？

這、這到底是怎麼一回事？

我是佐佐木理花，一個非常喜歡理化的小學五年級生。因緣際會下，與班上的廣瀨蒼空同學一起製作甜點。

今年暑假，蒼空同學和我共同進行的自由研究在比賽中獲得入圍，一起入圍的，還有最近剛轉學過來的石橋脩同學。

脩同學和我一樣喜歡理化，而且，他也非常喜歡學習，經常邀請興趣相投的我一起研究，還問我明年要不要跟他一起做自由研究？

為此，蒼空同學對脩同學發出驚人之語：「我才不會把理花交給你！」兩人針鋒相對，展開了脣槍舌劍。

老實說……蒼空同學說我是他的「最佳拍檔」，其實我有點失望，但也告訴自己，蒼空同學是隻呆頭鵝，所以這也是沒辦法的事。

可是，眼前這位長得很可愛的女生，出人意料地從櫻花樹下跑出來

——抱住了蒼空同學。

由於事情發生得太突然，我的腦袋一片混亂，感覺就像做了一場快樂的夢，轉眼間就醒來了……

「可以放開我嗎？好熱啊！」蒼空同學苦笑著掙扎，然後，他轉頭對我說道：「啊！理花，我來介紹一下！這傢伙叫由宇……」

沒想到，叫由宇的女孩打斷了蒼空同學，逕自開口：「理花？這兩個人是誰？你從來沒有告訴過我，關於這些人的事。」她一邊說著，一邊心不甘、情不願的放開蒼空同學，表情不太開心地看著我們。

她看了倏同學一眼，然後，又目不轉睛的盯著我看。而且這次是從頭到腳開始打量，彷彿要把我看出一個洞來。

她為什麼要這樣看我？我做了什麼惹她不高興的事嗎？

感覺……她好像覺得我打擾了他們。

我覺得有點緊張，但仍然抬起胸膛、挺直身子，開口自我介紹：

「我、我叫佐佐木理花……」

「我叫石橋脩。」脩也開口了。

可是，由宇卻指著我問：「妳跟蒼空是什麼關係？」簡直沒把脩同學放在眼裡。

該怎麼說呢？感覺她在對我品頭論足，直勾勾的眼神盯著我看，像是要看穿我的內心，我有點手足無措。為什麼要用那種眼神看著我？從來都沒有人對我露出這麼明顯的敵意……好可怕！

「我、我們是同班同學……」

「他為什麼直接喊妳的名字？蒼空平常不會直接喊女生的名字吧？」

喔？我懂了！原來是因為蒼空同學直接喊我的名字，導致她懷疑我們之間的關係，我發現問題的癥結了，內心有點驚慌。

「難道你不會直接喊朋友的名字嗎？」蒼空同學反問她。

由宇似乎被他說服了：「嗯哼……朋友啊？」

話說回來，我才想問由宇是蒼空的什麼人呢？雖然我很想發問，但終究沒有問出口。因為我覺得這種問題會讓對方感覺很不舒服，就像我剛才那樣……

「你們看起來感情很好的樣子，你又是廣瀨的誰？」脩同學開口了。

哇，不愧是脩同學！

蒼空同學親暱地拍打著由宇的肩膀，說道：「我是由宇的堂哥，我們年紀一樣大，都是五年級。」

「沒錯，所以人家最——了解蒼空了。」由宇驕傲的說。

感覺由宇似乎有意對我強調這件事，讓我有些錯愕。倒是蒼空同學更關心另一個問題：「由宇，怎麼突然來了？也不先說一聲！從大阪到

這裡有段距離啊！是因為明天開始連續休假三天嗎？」

「不是的，我今天就要回去了。」

「咦？怎麼不多待幾天？剛來就要走？」

由宇笑而不答，還攬住蒼空同學的手臂，向他撒嬌。

我感覺臉上的笑容瞬間

僵硬，內心隱隱作痛……

由宇瞥了我一眼，露出得意洋洋的表情。

「啊！夠了！放開我啦！」蒼空同學說。

「有什麼關係嘛！我們好久沒見了，平常都只能打電話。」

「就算是那樣，也真的太熱了。明明知道我的體溫偏高，最怕熱了！」話雖這麼說，但蒼空同學也沒有推開由宇，表示他並不是真的討厭由宇這個行為，感覺他們平常就是這樣……

不知為何，我的心臟跳得好快。同時，還有一種被人朝頭上潑了一盆冷水的感覺，腦中浮現出「特別」這兩個字……

對蒼空同學來說，由宇是不是「特別」的人？一想到這裡，我的心就像掉進冷水裡。

「到底是怎麼回事？快告訴我！」

「我們家就要搬來這裡了！爸爸在隔壁小鎮——其實就是車站的另外一邊——準備開一家餐廳！那是他的夢想。」

「真的嗎？這可真是天大的喜事！」蒼空同學好高興的樣子。

「我們下個月才搬家，今天先過來辦一些事情。爸爸正在跟爺爺討論開店的事情，媽媽留在大阪，規劃搬家的準備工作。人家覺得很無聊，就跟來了。」

「由宇是想偷懶吧？嬸嬸會生氣喔！」

「有什麼關係，這也攸關我的未來，更何況，人家也很想念蒼空！」

兩人的互動看起來感情很好。

我的表情越來越僵硬。

倏同學偷偷問我：「理花同學，妳的臉色好難看，沒事吧？」

我猛然回神，但也只能勉強擠出扭曲的笑容。

搬來這裡？這個女生嗎？隔壁小鎮……也就是說，將來也會上同一所國中？這麼一來……我以後還能待在蒼空同學的身邊嗎？是不是必須讓位給這個叫由宇的人了？

2—有趣的城市導覽

「蒼空、蒼空！爸爸和爺爺討論事情的時候，你帶我參觀一下環境嘛！」由宇抓住蒼空同學的手臂，蹦蹦跳跳的說。

如果是一般人做出這種舉動，可能會讓人覺得很任性，但由宇非常可愛，反而很適合她。一看，就知道她經常這樣提出要求……居然有這種人？我大開眼界，只能無言的看著他們。

蒼空同學無可奈何的說：「真是黏人精！」說完，他還偷偷的看了我一眼。

啊……我是不是打擾到他們了？我是不是回去比較好？想到這裡，我正打算離開時，蒼空同學爽朗的說：「理花和脩也一起來吧！」

「咦？」

可以嗎？我們不會很礙事嗎？

「反正你們也還沒有回家，既然如此，就順便繞去理花家和脩的家，你們可以先回家放書包。這麼一來，也能帶由宇參觀更多地方。」蒼空同學說。

「不用了，我沒興趣，只有我們兩個人比較輕鬆。」

沒、沒興趣？有必要說得這麼直接嗎？她的表現未免也太明顯了，一看就知道她覺得我打擾到他們了。

從小到大，我的身邊從未出現過像由宇這麼「坦率」的人，不禁愕然。

「別這麼任性。」蒼空同學告誡著由宇，然後又看著我說：「對了！理花，我們晚點再來討論明年的自由研究！」

「咦？」我嚇了一跳。

蒼空同學笑了。

「剛剛才說過，妳已經忘了嗎？」

「什麼自由研究？」由宇插嘴。

「我們三個今年暑假的自由研究都在比賽中入圍了，所以剛才正在討論明年要做什麼？對吧！理花？」

唉呀！他用這麼亮晶晶的眼神看著我，我怎麼有辦法拒絕呢！我只能點點頭。

可是……蒼空同學跟我說話的時候，由宇好像越來越不開心，看得我心驚膽戰。

「不要啦！聽起來好無聊。」

「別任性了！由宇就是這樣才一直交不到朋友。」蒼空同學小聲的斥責她。

「有什麼關係？反正你會一直待在人家身邊！」

一直待在人家身邊？

我倒抽了一口涼氣，感到胸口一陣劇痛……由宇不動聲色，瞥了我一眼。一看到我的表情緊繃，馬上打起精神說：「快走吧！機會難得，等一下順便告訴你，我們的新家在什麼地方？」由宇不由分說，拉著蒼空同學逕自往前走。

我無精打采的跟在他們後面，因為我跟蒼空同學約好了。而且，看起來蒼空同學也不覺得我礙事……那脩同學呢？

我回頭看他，只見他聳聳肩，邊走邊說：「反正回家的方向一樣，我是無所謂。」

蒼空同學先帶由宇參觀我們的小學，還介紹了學校後面的圖書館，然後轉往我家的方向。

蒼空同學和由宇走在前面，我和脩同學慢吞吞的跟在他們後面。由宇黏著蒼空同學不放，所以只能這樣兩兩並肩前進。

「理花同學，妳要不要直接回家？」走在我旁邊的脩同學小聲問我。

「咦？」定睛一看，脩同學正一臉不悅的瞪著蒼空同學。

「很令人生氣吧？」彷彿看穿了我的內心，我嚇了一跳。

「還、還好……」見我打馬虎眼，脩同學嘆了一口氣。

「但我對廣瀨可是非常不高興，他是怎麼回事？明明剛剛才講過那種話，真是太不可靠了。」

他怎麼這麼生氣？我還在不解時，由宇問蒼空同學：「我們要去哪裡？」

「先去公園，再繞去理花和脩的家，然後去看我們接下來要念的國中！最後再去車站看看，那裡有一條商店街。」

我家到車站路程大約十分鐘，國中在兩個車站的正中央，我們依照蒼空同學的規劃前往公園。

「哇！是公園！好大呀！」由宇興奮地往前衝，我們正要追上去拉住她時，有輛白色的車從前方駛來，在我們面前緊急煞車。

「蒼空！」

我嚇了一跳！抬頭看，見到桔平同學從車窗裡探出臉來，坐在駕駛座的似乎是他的爸爸。

「啊？桔平？你要去哪裡？」

「連放三天假，我們要去爺爺家幫忙！」

「幫忙？」

「我爺爺是種蘋果的果農。」桔平同學向我們說明。

「這樣啊！」

我完全不曉得！我和蒼空同學、脩同學不約而同的睜大了雙眼。

桔平同學繼續說：「現在是收成的季節，我超期待的！我跟你們說……」桔平同學意猶未盡，似乎還打算接著說下去，但有車子從後面開過來。

「後面有車。」蒼空同學提醒。

「那我先走了！」桔平同學搖上車窗，車子往前疾駛而去。這時，由宇從公園的入口處折返回來，對著我們抱怨：「你們太慢了！」

「明明是自己先不顧安全衝出去的。」脩同學不甘示弱的反擊，看起來有點不耐煩，他可能不太喜歡由宇這種人。

可是由宇不以為意，又黏回蒼空同學的身邊。

我們走進公園，見到班上的「鐵三角」正在公園裡玩。百合同學和奈奈、小唯，三個人是死黨，她們一看到我就出聲打招呼：

「理花同學！你們要去哪裡？」

百合同學注意到站在蒼空身邊的由宇，微微皺眉。奈奈的臉色也有點不自然，她們不動聲色的看了我一眼。「蒼空同學，那個人是誰？」

百合同學先開口，語氣有點像是在質問人。

嗯！我懂她們為什麼有這樣的反應！這麼可愛的女生和蒼空同學走在一起，一定很想知道她是誰吧？

「由宇是我的親戚，最近要搬來隔壁小鎮，所以現在正在參觀環境。」蒼空同學並沒有把大家好奇的視線放在心上，依舊笑著回答。

這時，其他在公園玩的同學也紛紛靠過來，開始你一言、我一語的加入話題。

「什麼？什麼？」

「聽說那個女生是蒼空同學的親戚！」

「哇！長得好可愛。」

「好像要搬來附近！」

「那以後不就是要跟我們念同一所國中了嗎？」

在大家的關注下，由宇站在蒼空同學的旁邊，寸步不離，一臉的理所當然、自信滿滿，臉上還帶著沾沾自喜的笑容。

看到由宇的表情，我的內心泛起一陣苦澀，不由得低下頭去。

怎麼回事？我好像有點不太舒服，還是聽倫同學的建議回家吧！我正在這麼想的時候，卻聽到百合同學說：「參觀環境！聽起來好好玩的樣子！我們也可以加入嗎？」

什麼？

我嚇了一跳，看著百合同學，百合對我點頭示意。她的樣子像是在說：「別擔心，有我們在。」我感覺到……百合同學正在為我加油打氣，受到重擊的心又振作起來。

「我們也要一起去！」其他班的同學也說要加入。

蒼空同學的個性和善，當然不會拒絕大家，結果導覽的人數一口氣往上攀升，增加到十個人左右。

我們繞了一個彎，繼續往前走，再轉過一個街角，就可以看到我家。

打頭陣的仍然是蒼空同學，而由宇則眨著好奇的雙眼跟在他旁邊。

我感覺背上的書包像是裝了石頭，腳步也好沉重。

「再往前走就是車站……今天搭車過來時，應該已經知道了。」

「不知道，那條路不通，所以我不知道。啊！那裡有一間牙醫診所？我回去要告訴媽媽。」

我走在他們後面幾步的距離，聽著他們的對話，他們談得很開心，感情真的很好……

「那個叫由宇的漂亮女生……**是不是蒼空同學的女朋友**

啊？」走在我後面的女生竊竊私語。

撲通！我的心狂跳了起來。

「可是他說是親戚！」

就、就是說啊！是親戚！我忍不住在心裡附和。

「遠房親戚也可以結婚啊！」

聽見她們的對話，我整個人嚇了一跳。結婚？這也想得太遠了，我對她們豐富的想像力大吃一驚！可是……她們的話也沒錯，既然能結婚，在這之前當然也能成為女朋友，而且……由宇看起來真的非常喜歡蒼空同學……

那蒼空同學呢？

我看著蒼空同學，這次換胸口隱隱作痛。唉，到底是怎麼一回事？自從由宇出現後，我的身體就開始這裡疼、那裡痛的，都是至今不曾感受過的疼痛。

後面的女生還在交頭接耳：「可是我聽說蒼空同學在班上有個交情很好的女生？」

什麼？

我不由得停下腳步。

「那人是誰？哪一班的女生？」

「一班。」

我的身子已經開始僵硬，因為……我和蒼空同學正是一班。

「什麼？」

該不會……該不會正在說我吧？可是，在學校除非有必要，否則我們絕對不會交談的。當我還在這麼想的時候，後頭又繼續傳來：「暑假的自由研究啊！有女生和蒼空同學一起參加比賽。」

她們怎麼知道？我大驚失色！隨即想起我們提交的實驗筆記上，寫著蒼空同學的名字和我的名字……或許有人看見了？

我感覺自己的腦袋快要爆炸了。

「夏日廟會的時候也是，聽說蒼空同學還去幫那個女生擺攤。」

「居然有這回事，賣什麼東西？」

「好像是果凍。」

「啊！我知道那個！結冰的果凍對吧？聽說那個好吃的果凍是蒼空同學做的。」

「咦，難不成就是跟那個女生一起做的？」

哇啊啊！怎麼辦？夏日廟會時，我們確實一起幫媽媽擺攤，但果凍是蒼空同學的爺爺做的啊！謠言怎麼傳成這樣！難不成……我們一起製作甜點的事已經傳開了？

「那女生是誰？」

不知道是不是我的錯覺，總覺得有人在看我？我的臉部肌肉逐漸變得緊繃，我實在不敢轉過頭去……

完蛋了！

就在我幾乎想要逃走的時候——

「……怎麼可能？」

「就是說呀！一定是哪裡搞錯了。」

「既然如此，現在蒼空同學身邊的那個女生，看起來滿適合他的！」

原本屏住呼吸的我，這時偷偷呼出一口氣，同時，那種芒刺在背的感覺也消失了。

只是……雖然得救了，但怎麼覺得這些話令人好想哭？

「怎麼可能？」

「一定是哪裡搞錯了。」

「蒼空同學身邊的那個女生，看起來滿適合他的！」

說的也是，像我這麼不起眼的女生，待在蒼空同學的身邊只會讓他丟臉……不過，接下來得更小心。要是讓大家知道像我這種人，居然和蒼空同學一起製作甜點，肯定會說我怎麼有資格吧？

還有，萬一我們疑似交往的謠言，傳進蒼空同學的耳裡……想到這個可能，我全身就冒出雞皮疙瘩。

「我和理花？怎麼可能！」

光是想像蒼空同學用平常那樣爽朗大笑的表情，說出這些話的樣子，我就覺得天要塌了。因為，他剛才還滿臉笑容的說：「**理花是我的最佳拍檔！**」也就是說……我不是他的戀愛對象。

「妳在說什麼呀！當然只是普通的拍檔啊！」想到他可能會這麼說，我就覺得好難過。

我們確實是拍檔沒錯，他這麼說，我也很高興。可是，如果他斬釘截鐵的告訴我，我們只是拍檔，我還是會覺得很傷心。感覺……就像我只是他做實驗的伙伴，雖然說事實就是如此，一點也不「特別」。

想到以後每次做實驗，我的心情都會變得很複雜，這麼一來，實在太痛苦了，根本做不出殿堂級的實驗。

嗯！為了避免這種事發生，一定不能讓他發現！

我握緊拳頭，打起精神，抬起頭來！只見蒼空同學和由宇滿面春風的相視微笑，看上去簡直是天作之合，我的胸口彷彿被狠狠的刺了一刀。我知道自己對蒼空同學來說一點也不「特別」……我明知道這點，但還是覺得好傷心……我真的好羨慕由宇……

「理花同學，妳不介意嗎？」有人叫我的名字，我這才回過神來。

百合同學正一臉擔憂的看著我。

「妳說什麼？」啊！難道我內心的失落已經表現在臉上了？我連忙假笑著反問。只見百合同學一臉不開心，然後微微往後瞄了一眼，氣鼓鼓的嘟起嘴巴。

怎麼了嗎？我還沒反應過來，蒼空同學突然停下腳步。我還以為發生什麼事？原來已經走到我家門口了！

「理花，先回家放書包吧？」蒼空同學回頭對我說。

「咦？蒼空同學居然知道佐佐木同學住的地方？」後面的女生突然冒出這麼一句。

哇啊啊啊！被大家發現蒼空同學知道我住在哪裡了？

「那是因為——」蒼空同學不假思索的點頭。

想到他接下來可能會說的話，我嚇得臉色發白。

「因為我經常和理花一起做實驗！」哇啊啊啊啊——這樣不行，絕對不行！我不由得瞪大雙眼，以眼神拚命對蒼空同學示意。

拜託你，看懂我的眼神！我剛剛才想說絕對不能被大家發現！

或許是接收到我拚命暗示的眼神，蒼空同學歪著頭，似乎想了一下，

然後點頭回答：「因為之前我曾幫忙送講義過來。」然後，彷彿什麼事也沒發生，他轉過身，看了我一眼，用食指抵住嘴角。

「這是我們兩個人的祕密！」感覺他似乎正對我這麼說，我的臉頰一下子變得好熱。

「等等，蒼空，你那個動作是什麼意思？」站在正前方的由宇看到我和蒼空同學之間的互動，一臉無法接受的表情。

「沒什麼。」蒼空同學一語帶過，快步前行，由宇也立刻跟上。

我有點害怕，往後一看，似乎沒有人注意到我們剛才的互動。

得救了！我打從心底鬆了口氣。我回家放下了書包，告訴媽媽我要出去玩，便連忙追上大家。

依照蒼空同學的計畫，我們會先經過脩同學所住的大樓，再沿著鐵軌走到國中。在這一帶的小學，共有三所，這些小學生未來都要念同一所國中，其中也包括我們現在就讀的小學。或許是因為如此，國中的校園感覺比小學大多了。

我們隔著圍欄，望向操場，看到有很多穿著運動服的大哥哥和大姊姊跑來跑去，大概是正在從事社團活動吧？

「以後大家都要上這所國中吧？」

「人家國中之後就可以跟蒼空念同一所學校了，真是開心！」由宇興高采烈的蹦蹦跳跳！蒼空同學也看著由宇，笑著說：「對呀。」

「看那邊！鐵路對面的那棟大樓就是我們的新家！」

「是嗎？沒想到這麼近？隨時都可以去玩了！」

「這就是所謂的兩人世界……」看著兩人熱烈討論的模樣，後面的女生開始竊竊私語，令我心驚膽戰。

「好登對啊！」

「唉……我還妄想跟蒼空同學交往呢，真是太傷心了。」

太傷心了……這句話慢慢滲入我的體內，我悶悶不樂的走向車站。

車站前的商店街有蔬果行、魚店、肉鋪等等，這個時間有很多人出來買晚餐，非常熱鬧。

「Patisserie Fleur用的水果都是向那家蔬果行進貨的喔！」

「這家的魚賣得很便宜。」

「星期二是肉鋪的特賣日。」除了蒼空同學的介紹外，其他人也紛紛補充自己知道的資訊。

四周瀰漫著炸物的味道，我們瞪大了眼睛瞧向店內，只見熟食攤上擺滿了炸成金黃色的可樂餅及肉餅。

「這家的肉餅非常好吃。」大家臉上都露出垂涎欲滴的表情。

我們一行人吱吱喳喳，從商店街的這頭走到那頭。冷不防，在商店街的一隅發現一間新開的店。

那間店的木牆搭配著圓形的窗戶，橘色的屋頂上還有著煙囪，就像是童話故事裡會出現的可愛小店面，為什麼會出現在這裡？可是，並沒有看到招牌，看起來內部施工也尚未完成。

「那是什麼店？新開的嗎？」蒼空同學對那家店充滿興趣。

「什麼時候開幕呢？」我東張西望，只看到附近有一張貼了「近日開幕」的海報，此外就沒有其它線索了。

「不知道，但是很期待！」蒼空同學微微一笑，走向自己家。

導覽到此，總算告一段落。

3 — 爺爺的堅持

參觀完我們居住的街道，脩同學丟下一句：「我要回去看書了。」就在自己住的大樓前跟大家道別。

脩同學離開前，還偷偷問我：「要不要來我家，看我錄的昆蟲特輯影片？」但我現在實在沒心情看，於是便拒絕他了。

其他人也陸續在自己家附近，與大家道別。百合同學她們幾個要去才藝班上課，我們在公園前解散，準備分頭回家。

百合同學臨走之前，一臉嚴肅的看著我，小聲的說：「理花同學，妳可別輸了。」

我也知道自己變得軟弱了，所以這句話深深地刺中我的心。

「什麼別輸了？我……我又沒有在比賽……」我試圖矇混過去。

「不可以逃喔！」百合同學似乎有點生氣。

咦？百合同學為什麼要生氣？見我發愣，百合同學稍微緩和臉色，對我說了一聲：「加油！」然後就回家了。

最後只剩下我和蒼空同學、由宇，一起回到通往Patisserie Fleur的轉角，也就是那棵櫻花樹下。沿路上，由宇始終用一副「妳很礙事」的眼神瞪著我，後來乾脆挑明了說：「理花同學，妳為什麼不回家？」有如利刃般的問題一刀刺入我胸口。

因為……因為我們剛才約好啦！由宇應該也聽到了！但是……拜託別用那麼可怕的眼神看我。

「蒼、蒼空同學，我也……回去吧！」說完後，轉身就打算要離開，蒼空同學不解的問我：「為什麼？三個人一起想嘛！」

什麼？三個人……和由宇一起嗎？

「可是我只想跟蒼空在一起！而且以前人家來的時候，你明明每次都會全程陪人家！」

「什麼全程陪？再說，不是兩個人也沒關係吧？」蒼空同學輕聲訓斥著由宇，但由宇望向我的眼神反而越來越銳利。

「不要！兩個人比較好。因為人家要當廚師，如果蒼空成為甜點師傅，肯定只有我幫得上忙。」

什麼？

我瞪大雙眼。

由宇想當廚師？也就是說，她跟我不一樣，她比我會打蛋，也比我擅長用菜刀？這麼一來，蒼空同學可能真的再也不需要我了……

我大受打擊。

蒼空同學嘆了一口氣，不假辭色地說：「不是這樣的，**我需要理花的幫忙。**」蒼空同學直盯著我看，我的心臟跳了好大一下。

哇啊啊——他在其他人面前說他需要我？我知道自己臉紅了。

「人家不行嗎？」

「真是的……由宇為什麼老是這樣呢？」蒼空同學反問。

我知道為什麼——由宇喜歡蒼空同學。她的嘴巴噘了起來，都可以吊起豬肉了，而且，她還面露不滿的看著我。這、這是覺得我擋在他們之間，不滿的表情吧？

蒼空同學並沒有注意到由宇表現出來的不開心，繼續眉開眼笑的說：「就這麼決定了！」

我有種大事不妙的感覺……但是聽到蒼空同學說他需要我，我還是很開心。想起百合同學對我說的話，我如果這時候回去，就像逃走似的，太沒出息了。雖然由宇的眼神似乎想把我千刀萬剮，但我還是毅然決然的留了下來。

抵達Patisserie Fleur時，郵差剛好把信投進信箱裡，蒼空同學立刻從信箱拿出那封信。

「咦？這是什麼？」

蒼空同學手裡拿著信封，上面以英文草寫的字體，寫著收信人的名字，看不出來是寄給誰？

「這是航空信喔，從國外寄來的。」由宇說道。

「國外？那應該是寄給爺爺的？」蒼空同學念念有詞地走進店裡。

店裡只有葉大哥一個人，他正在忙著招呼客人。傍晚時分，像我爸爸那樣，習慣在回家之前，先來Patisserie Fleur買甜點的客人還真不少。

「爺爺呢？」蒼空同學問道，葉大哥瞥了店裡面一眼。

蛋糕櫃後方傳來交談的聲音，我踮起腳尖看過去，蒼空同學的爺爺正與另一位人高馬大的先生站在那裡。那個人有著一頭紅髮，眼睛是藍色的，頭髮和眼睛的顏色都跟由宇一樣。

「爸，希望您重新振作起來！媽媽都已經離開這麼多年了。」

「我又不是因為傷心才不做。」

「那您為什麼直到現在都不肯再做？那道甜點明明很適合搭配我們餐廳的家庭料理。無論如何，我都很想將它重新推出，拜託您了。」

蒼空同學、由宇，還有我，我們三個人大眼瞪小眼。他叫爺爺「爸爸」，又提到「我的餐廳」。也就是說，正在跟爺爺說話的人，是要在隔壁小鎮開餐廳的由宇爸爸。

「那道甜點」指的是——

我豎起耳朵，可惜剛好有客人進來，結帳的對話蓋過裡頭的聲音。

蒼空同學說：「走吧！」然後繞到蛋糕櫃的後面，躡手躡腳的走進後面的烘焙坊。他還對著我和由宇招手示意，於是我們蹲在地上，一起躲在作業台後面。

媽呀！不會被發現吧？我緊張萬分，但仍豎起耳朵，因為我也想知道他們在說什麼。

「我已經說過好幾次了，那個已經做不出來了。更何況，那個一定要有 Fleur 才能完成。」

「可是您堅持不做的話，我覺得很可惜，我真的很想以『那個』做為招牌甜點。」

什麼意思？

我覺得心臟簡直快要跳出來了。

又是做不出來了，又是一定要有 Fleur 才能完成……我記得蒼空同學的奶奶就叫 Fleur？

我想起蒼空同學以前

說過的話，蒼空同學在奶奶過生日時，吃到超級美味的甜點，希望有朝一日能夠自己親手做出來，所以才開始學做點心。因為蒼空同學的爺爺已經不做了，所以才變成「夢幻」甜點。也就是說……他們在討論的甜點該不會就是「夢幻甜點」吧？

或許跟我想到的是同一件事，蒼空同學回頭看我，我們四目相交，蒼空同學用力點著頭。

「再說，現在出現了競爭對手，爸爸您也很傷腦筋吧？如果不趁這個機會，一決勝負——」

競爭對手？

想到這裡時，耳邊突然傳來一聲巨響——

匡噹！

只見蒼空同學露出搞砸了的表情——

他不小心踢翻了椅子。

「誰在那裡？是蒼空吧！小孩子怎麼可以偷聽大人講話！」爺爺喊了起來！

「競爭對手是怎麼回事？」蒼空同學不顧一切地站起來，並直接的向爺爺提問。

「這個嘛……」叔叔正要開口，爺爺出聲打斷他。

「小孩子不要管大人的事！我們換個地方說話吧！」爺爺大聲的說，一邊氣沖沖的擰著叔叔的耳朵。

「好痛！痛痛痛痛痛！」叔叔一臉扭曲的被拖進爺爺家。

看起來好痛……我忍不住轉過頭，竟然跟葉大哥對上眼，我嚇了一跳！因為葉大哥正站在店面和烘焙坊之間的門後面。

葉大哥立刻撇開視線，神情似乎有點驚慌，但過一會兒，他的視線又回到我身上，並微微一笑。

咦？

他的反應有些不太對勁，彷彿……想掩飾什麼？

4 關於未來的約定

當葉大哥轉身回去店裡，烘焙坊只剩下我們三個人。

「討厭，都是蒼空，害我們沒聽到重點！」由宇噘著嘴，嘟嘟囔囔的抱怨。

「抱歉！可是……」蒼空同學雙眼發光，看著我說：「理花……那個大概就是指『夢幻甜點』吧？」

我也忍不住興奮的猛點頭，一定是！因為還提到奶奶的名字！

「夢幻甜點？」由宇一臉疑惑，側著頭問道。

聽到這句話，我才想起由宇也在。那、那個……是不是先別在由宇面前提這件事比較好？

可是蒼空同學毫不在意，回答說：「對呀！就是奶奶每年生日吃的那個！由宇還記得嗎？」

「哦？你說那個啊？可是我當時年紀還小，而且只吃過一次，所以沒什麼印象了。」

「這樣啊！因為由宇沒跟我們住在一起，也不是每年奶奶生日都會回來……」蒼空同學抬頭挺胸的說：「其實我為了做出『夢幻甜點』正在學習。」

這句話令我大吃一驚，蒼空同學把他在學習做「夢幻甜點」的事講出來了？為什麼？

「我每天都在努力，所以今天也要練習，明天也是。啊！剛好連放三天假，所以後天、大後天也都要學習！對了，理花，明天來挑戰新的甜點吧！就像平常那樣！」蒼空同學滔滔不絕的提起這些事。

「平常那樣是怎樣？你跟她兩個人一起做甜點嗎？」由宇打斷他正在說的話。

「啊！說溜了嘴，這是我們的祕密！」蒼空同學連忙捂住嘴巴。

「什麼？什麼祕密？」由宇似乎受到「祕密」這個字眼的刺激，一臉錯愕。

「抱歉，理花。」蒼空同學向我道歉。

但是對我而言，真正受到打擊的，並不是蒼空同學洩露了我們一起做甜點的這件事，而是他說出我們為了做出「夢幻甜點」，現在正在努力學習的事。

我還以為「夢幻甜點」是我們共同的目標，為了做出「夢幻甜點」，蒼空同學必須先做出「殿堂級的甜點」，而我認為做出「殿堂級的甜點」等於是做出「殿堂級的實驗」。

「製作殿堂級的甜點」對我來說，就像寶物一樣珍貴，所以我想好好藏在心裡，當成祕密，不想告訴任何人，以免這個珍貴的寶物受到破壞或消失。

可是對蒼空同學來說，「製作殿堂級的甜點」原來是這麼輕易就能告訴別人的事。

我以為這件事很特別，是只屬於我們兩人的祕密……但或許蒼空同學並不這麼想。

「蒼空！告訴我嘛，到底是什麼祕密？」由宇無視我的存在，繼續以尖銳的音調逼問蒼空同學。

「唉……」大概是覺得瞞不下去了，蒼空同學放棄掙扎，向由宇說明：「好吧！事情是這樣的，我請理花協助我製作甜點。」

「咦？為什麼？」

「因為我的理化和數學都糟透了，可是爺爺常說，如果要成為甜點師傅，這兩點很重要。理花的理化和數學非常厲害，所以……」

「好過分！」由宇大聲抗議！滿臉通紅、充滿怒氣。

「哪裡過分了？」

「你明明說要跟人家一起努力！而且我們以前從來沒有祕密！你這樣不是偷跑嗎？蒼空，你好過分！」

「什麼偷跑……由宇也可以自己努力。再說了，由宇的志願是成為廚師吧？我想請爺爺收我為徒，由宇也可以拜叔叔為師啊！」

「才不要！人家也要跟你一起學習！我也很擅長理化和數學！」由宇氣急敗壞的鼓起腮幫子。

哇！哇啊啊——怎麼辦？再這樣下去，事情肯定無法收場。這也不能怪她，換成我是由宇，要是我喜歡的男生跟別的女生一起做甜點，我也不能接受。

只不過……如果由宇要跟蒼空同學一起學習，那麼**要退出的人……難不成是我？**光是想到這一點，我就覺得頭皮發麻。

「由宇真的非常任性啊！話說回來，理花的厲害程度可不是一般程度喔！」哇啊啊——蒼空同學這麼說只會造成反效果！

果然沒錯，由宇越聽越火大了。

「怎麼可能！少騙人了，太過分了！」

由宇繼續大吵大鬧，蒼空同學就像安慰妹妹般，溫柔的說：「唉！真是沒有辦法，只此一次，下不為例喔！」然後滿臉歉意的看著我說：

「抱歉，這傢伙在這裡的時候，可以跟我們一起做甜點嗎？」

什麼？

我不由得屏住呼吸，蒼空同學剛才說什麼？

「這傢伙一旦拗起來，八匹馬都拉不動。真的很幼稚！比幼稚園小班還要幼稚！」

「嘿嘿！」由宇浮現出得逞的笑容。

蒼空同學則是受不了似的嘆口氣。

可是……我想拒絕。因為……蒼空同學不是說過，要和我一起做出「殿堂級的甜點」嗎？加入由宇的話，那我們的約定算什麼？這樣的想法不停的在我腦海中翻攪。

只見蒼空同學以充滿渴望的表情看著我，他好像以為我會爽快的同意……看到他的表情，我怎麼也拒絕不了。因為……我如果拒絕的話，蒼空同學會很困擾吧？

而且……由宇很快就會回去，從明天起，我又可以跟以前一樣，單獨跟蒼空同學做甜點了！

「好、好啊！」我勉強自己答應，再擠出一抹微笑。

「謝啦！」蒼空同學露出如釋重負的笑容。

看到他的笑容，可以明白蒼空同學果然非常重視由宇，我感覺一陣酸楚。我知道了，對蒼空同學而言，由宇果然是個很「特別」的人。所以不管由宇說什麼，蒼空同學都會答應。

「今天要開店，所以不能用烘焙坊。嗯……去爺爺家做吧？對了，我先去問一下那裡能不能使用！」蒼空同學丟下這句話之後，就像一陣風似的跑去找爺爺了。

剩下我和由宇在烘培坊裡，突然一陣沉默。

呃，是不是該說點什麼才好呢？不過，說什麼都不對吧？由宇顯然很討厭我，我覺得有點尷尬。

由宇突然轉頭看我，開口問道：「妳喜歡蒼空吧？」

什麼？

這個問題太直接了，我一時愣住！啊！這該怎麼回答？

「當、當然喜歡啊……因、因為我們是朋、朋友啊！」我結結巴巴、語無倫次，只能想到這個答案。

「我就知道妳喜歡他！」由宇自顧自的點點頭。

我明明說是朋友！是朋友啦！

只聽到由宇又說：「可是，**不行喔！**」

「不行？」我聽不懂她的意思，忍不住反問。

由宇撩起紅色的頭髮，髮絲輕柔的落下，露出充滿挑釁的笑容。她笑起來時，隱約可以看見可愛的虎牙，不禁讓人聯想到野生的獅子或老虎，跟她可愛的臉蛋一點都不搭。

由宇笑得燦爛如花，邊笑邊說：「因為我……已經跟蒼空約好了。」

「約好什麼？」我突然有種不好的預感。

「人家要當廚師，蒼空成為甜點師傅，**將來我們要一起開餐廳。**」

「噹啷！」彷彿有個臉盆重重的砸在我頭上，我大受打擊，居然有這種事？我都不知道。

「人家我啊……要成為一流的廚師，蒼空也要成為一流的甜點師傅。因此，我們約好了要一起去法國留學。」

「**去法國留學？**」

這些事情對我來說實在太遙遠，我的腦中一片空白，有點跟不上。

「對呀！爸爸和爺爺以前都出國留學過，還交代我們最好也要出國去見見世面，還說直接去當地接受文化的洗禮很重要！所以再過不久，蒼空就要跟理花說再見了。」

這麼說來……我聽蒼空同學說過，爺爺年輕時也曾去法國拜師學藝。蒼空同學那麼尊敬爺爺，會跟爺爺選擇同一條路也不奇怪。

可是……那他跟我的約定呢？我們約好要一起做出「殿堂級甜點」的約定呢？如果要遵守和我的約定，代表無法實現跟由宇的約定？

正當我內心陷入混亂時，蒼空同學推開烘焙坊的門走進來。爺爺和由宇的爸爸站在他背後，大概是談完事情了。

只見蒼空同學滿臉通紅，不曉得發生了什麼事，接下來就聽到蒼空同學大聲地說：「理花，由宇！**我可以去法國留學了！**」

5 — 真的要去法國嗎？

「我可以去法國留學了！」

蒼空同學的話在我耳邊嗡嗡作響，與剛才由宇說的話相呼應，攪亂了我的心湖。

「人家我啊……要成為一流的廚師，蒼空也要成為一流的甜點師傅。因此，我們約好了要一起去法國留學。」

我還以為那是很久、很久之後的事，沒想到那一天突然來到眼前？

我整個人呆若木雞，怯怯的反問：「你要去……法國留學？」

真希望他是騙我的！真希望這是一場夢……我抱著小小的希望，偷偷的用指甲掐了一下手背，立刻感覺到疼痛！更重要的是，胸口好像被撕裂了，痛得不得了，比起來，手背的痛根本算不了什麼。

「咦？怎麼這麼突然啊？」由宇也驚訝的問道。

「因為奶奶的弟弟維克多先生是很厲害的甜點師傅，以前跟爺爺在法國的烘焙坊一起工作，但最近住院了。」大概是情緒太激動，蒼空同學講話顛三倒四的，讓人掌握不到重點。

奶奶的弟弟維克多先生住院了？他沒頭沒腦的說什麼？這跟蒼空同

學去法國有什麼關係？

另一方面，我感覺我的大腦完全當機了。蒼空同學要去法國，我再也見不到他了……我的腦子裡現在只剩下這個念頭。

「我的意思是說，維克多先生從法國寄信來，表示他經營的烘焙坊陷入了危機……」蒼空同學還想繼續說明，但爺爺顯然已經聽不下去了，他抓著郵差剛才送來的航空信。

「製作『特定甜點』的人手不足，因為大家都退休了，目前只有維克多和我還在製作那種甜點。」

「那個『特定甜點』是什麼？」

身後傳來顫抖的聲音。我回頭看，葉大哥不曉得什麼時候站在那裡。

「哦？是你啊，不用顧店嗎？」爺爺問。

「我正要來請示您，蛋糕已經賣完了。」

「那今天就提早打烊吧！」爺爺回答得很乾脆。葉大哥又問了一遍：「所以『特定甜點』到底是什麼？」葉大哥的臉色看起來有些蒼白，或許他也跟我一樣受到打擊。因為蒼空同學突然說要去法國，一時半刻誰也接受不了吧。

這時，蒼空同學忍不住大叫：「就是『夢幻甜點』啦！」

「什麼？」

我太驚訝了，顧不得還在傷心難過。居然是「夢幻甜點」！

爺爺剛剛不是才說做不出來了嗎？

「我本來確實是不打算再做了，但那道甜點如果失傳很可惜……看來我是沒辦法再拒絕，只能下決心去法國幫忙做那道甜點。」爺爺嘆了一口氣。

「既然如此，乾脆利用這個機會，在我的餐廳也推出那道甜點吧！時機真是湊巧，代表奶奶在九泉之下，也希望爺爺能繼續做那道甜點，對吧？由宇。」由宇的爸爸哈哈大笑。

爺爺苦笑著抱怨：「不過，這種機會應該也不會再出現了，畢竟我和維克多年紀都大了。不如趁這次好好培養能做出那道甜點的人，那個人就是蒼空。」

哇！蒼空同學好厲害……爺爺之前明明那麼不情願教他！見我一臉不可置信，爺爺不好意思的笑了笑。

「因為蒼空實在太煩人了，一直纏著我，害我都不能工作。趕快教會他，說不定還比較輕鬆，死皮賴臉大概是我們家的家族遺傳吧！」爺爺意有所指，瞥了由宇爸爸一眼。

蒼空同學嘿嘿嘿的笑了。「太棒了！幸好我從來沒想過要放棄。」

爺爺一副受不了的樣子，吐出一口大氣，然後把他一直捧在右手上，那本厚厚的書放在桌上。爺爺一臉懷念的輕撫著封面，非常寶貝的樣子。「雖然已經破破爛爛的，但作法就寫在這裡。」咖啡色的封面寫著「Journal」。

那是什麼意思？

葉大哥以嘶啞的聲音低喃：「Journal……日記？沒想到居然寫在日記裡？」然後搖搖晃晃的走上前，站在我旁邊。

「怎麼了？你看起來不太對勁。」我有點擔心他。

葉大哥這才回過神來，搖搖頭說：「沒什麼。」然後，避重就輕的表示：「可是……既然有作法，直接在這裡教就好啦！為什麼非要去法國不可？」

這句話令我嗆了一口口水。說的也是，爺爺直接在日本教就好啦！為什麼蒼空同學還要專程去法國？我按捺住內心的疑問，看著爺爺，我也很想知道他的理由。

爺爺不以為然的搖頭。「不行，必須先了解法國當地的風味。如果不了解自己要做的東西，做出來的結果會完全不一樣。」

或許是不能接受這個突發狀況，葉大哥臉色鐵青，接著說：「可是這麼一來，Patisserie Fleur 要怎麼辦？蒼空要花很長一段時間，才能夠學會『夢幻甜點』吧？這麼久不開店的話，客人會跑光的。」

就、就是說啊！這家店怎麼辦？我抱著最後的希望，兩眼發直，看著爺爺。

但爺爺只是哈哈大笑，完全不當一回事的說：「你在說什麼？接下來當然是交給你呀！我們不在的時候，店裡的大小事就拜託你了，你要好好守住這家店喔！」

什麼？把店交給葉大哥？要葉大哥守住這家店，這不就意味著要把店傳給他嗎？

這個打擊太大，我都快暈倒了。

可以製作「夢幻甜點」固然很厲害，而且，如果是由蒼空同學繼承作法，我應該為他高興才對。

可是，這麼一來，蒼空同學就要去法國了……

6 颱風來襲

「既然爸爸願意製作甜點，我的工作也到此告一段落！由宇，我們回家吧！」由宇的爸爸伸了個大大的懶腰，神清氣爽的說。

「不要啦！再多待一會兒嘛！」由宇臉色大變。

「即使現在馬上出發回家，到家也九點多了，由宇一定會睏到不行。」由宇的爸爸非常了解由宇呢！

「才不會呢！搭新幹線時，我可以在車上睡覺。」

「還好意思說，是誰每次睡著就叫不起來？到時候誰要負責把由宇背回家？又不是小娃娃了……不對，由宇跟小娃娃沒兩樣，哈哈哈！」

「您說什麼！」

我聽著他們在一旁開開心心的鬥嘴，腦子裡面卻越來越混亂……完全提不起精神。由宇要回去了，還以為總算能恢復正常，但蒼空同學竟然也要走了？

這時，烘焙坊的門被推開，蒼空同學的媽媽神色倉皇地快步走進來：「由宇和由宇爸爸，不好了，新幹線停駛了！」

「為什麼？」

「因為有颱風！」

啊！我想起來了，出門前看到晨間新聞報導有提及颱風來襲。因為目前這一帶天空還很晴朗，所以大家都忘了。

「聽說颱風行進的方向，跟原先預測的有所出入，你們家那邊今晚就會進入暴風圈。如果現在去搭車，說不定會被困在車上過夜。」

「這樣啊？我還以為颱風不會經過我們家那邊。」由宇的爸爸抓了抓頭髮，轉身問爺爺：「爸，我們今晚可以住下來嗎？」

「當然可以。你們這麼久才回來一趟，剛好又有三天連假，不如多待幾天。」

「嗯……媽媽一定會生氣我們沒帶她一起來，但這也是上天的安排，就這麼辦吧！由宇。」

「太棒了！」由宇笑逐顏開。蒼空同學也興高采烈的說：「太好了！看來今晚應該有大餐吃吧？」

不同於他們的開心氣氛，我的臉色很難看。我知道自己的心情很鬱悶，內心感覺越來越苦澀。

第二天，我要離家前，喊了一聲：「我要出門了。」

「要在風雨變大之前回來喔！」媽媽再三叮嚀。

「知道了啦！」

媽媽其實不希望我出門，是我死纏爛打，求了半天，說我一定會早點回家，媽媽才勉強同意。

我離開家，走向Patisserie Fleur。

昨天回家時，蒼空同學對我說：「明天見！」看樣子，雖然要去法國，他仍然打算按照原訂的計畫製作甜點。

天空烏雲密布，像是隨時都要下起雨來，風還不大，但是感覺得出來空氣中飽含水分，充滿溼氣。氣象預報說，中午過後，颱風就會靠近這一帶，得在那個時間之前回家，我邊走邊想。

一想到蒼空同學要去法國，我就覺得身體十分沉重。昨夜我還因此失眠，我想，說不定這只是一場惡夢，但願這一切只是一場惡夢……我在心裡祈禱。

當我走進Patisserie Fleur，店裡只有葉大哥。葉大哥看到我，露出了有點擔心的表情。

「蒼空同學在爺爺家——理花同學，妳看起來很沒精神，沒事吧？」

我點點頭，繞到後面的爺爺家。蒼空同學正坐在客廳裡，看見我進來，連忙招手：「理花，這邊！」

我看見由宇就坐在他的旁邊，心情立刻跌落谷底。

唉……我不是在做夢。由宇在這裡就表示昨天發生的事都是真的，希望這只是一場惡夢的僥倖想法瞬間破滅。

「打擾了。」我走向客廳，蒼空同學正把堆成一座小山的行李塞進偌大的行李箱。裡面有換洗的衣物、盥洗用品、書和文具、平板電腦，還有——殿堂級的食譜筆記。

「蒼空同學……真的要走了？」看樣子，他是真的要出國。

蒼空同學聽見我的自言自語，咧嘴一笑：「假期的最後一天出發！我真是太期待了！」

「可是……爺爺和你都不在的話，Patisserie Fleur怎麼辦？葉大哥一個人忙得過來嗎？」無論如何，我都想留住蒼空同學。如果是由我出面挽留，肯定是留不住已經下定決心的蒼空同學，所以我搬出他最重視的Patisserie Fleur，希望他能改變心意。

這家店是他的心肝寶貝吧？他應該不放心交給葉大哥一個人吧？可是蒼空同學回答得相當乾脆：「有葉大哥在，完全不用擔心。葉大哥那麼優秀，幾乎已經學會爺爺的全部手藝了。」

不久之前，蒼空同學還口口聲聲想靠自己的雙手拯救Patisserie Fleur，現在居然把這麼重要的任務交給葉大哥，簡直是變了一個人，我感覺到無比失落。

回想起在Patisserie Fleur烘焙坊做的餅乾和鬆餅，還有卡士達醬……以前明明那麼快樂，現在蒼空同學居然要拋下那些回憶，頭也不回地離開……越想越覺得自己好像毫無價值。

「咦？難不成……」

聽見聲音，我抬起頭，與由宇四目相交，由宇一直目不轉睛的觀察我，然後忍俊不禁的噗哧一笑。

我還沒來得及反應過來，由宇就嘟著嘴巴，對蒼空同學抱怨：「人家也想去留學……你一個人先去，真是太不夠義氣了！」

「那由宇也一起來嘛！去拜託叔叔看看。」蒼空同學想也不想，就邀請由宇一起去，我只能眼睜睜地看著這一幕上演。

「人家跟爸爸說了，可是他說我去只會妨礙你們，所以不肯答應……好討厭喔！人家也想趕快開始學習當廚師！因為爸爸和爺爺都是從很年輕的時候就開始學習，而且學了好多年，才能變成那麼厲害的廚師和甜點師傅。所以一定是越早開始，越容易上手嘛！」

從很年輕的時候開始……好多年……這些話在我腦子迴旋，意思是說……蒼空同學要去非常久的時間？

這個打擊太大了，我的腦中一片空白。

由宇一掌拍在蒼空同學的背上：「哼！人家也會馬上追上你的！」

「好痛！」蒼空同學苦笑著抗議，但表情還是很開心的樣子。兩個人熱烈討論著去法國進修的目標，只有我完全被拋到腦後。

只有我去不了法國，一個人孤零零的留在日本。我漸漸不曉得自己為什麼要待在這裡了？內心好像插了一萬根針，隱隱作痛。我幾乎要放聲尖叫，忍不住閉上雙眼。

「蒼空同學，**我要回去了……**」等我回過神來，這句話已經脫口而出。

我不想再待下去了！沒有人需要我，我是多餘的……百合同學的「加油」在我耳邊迴盪。可是……對不起，百合同學，我已經沒力氣加油了。

我不經意的看了由宇一眼，由宇的臉上充滿得意的表情。

看到由宇待在蒼空同學的身邊，一副理所當然的樣子，我就覺得好難過、胸口好痛，好像有一把火在身體熊熊燃燒。我再也受不了這股疼痛與灼熱，轉身背對蒼空同學。

「妳不是才剛來嗎？」蒼空同學不明所以，大聲問我。

「對不起。」我回頭看著蒼空同學，努力擠出笑容。但眼淚就快要流下來了，所以立刻別過臉。

「反正有由宇在，應該沒問題吧！」我頭也不回的轉身離開。

外面在下雨，但我沒帶傘出門。迎面而來的傾盆大雨，豆大的雨滴打在我的臉上。

「天氣預報根本不準嘛！不是說中午過後才會下雨嗎？」我自言自語，然後小跑步衝回家。

雨水流進我的眼睛裡，再從眼眶流出來，像是淚水，順著臉頰滑落。蒼空同學的笑臉印在我的視網膜上，可是我心裡卻只剩下悲傷與寂寞。

還有，黏在蒼空同學身旁，笑靨如花的由宇。

「可惡……」咒罵的話不經意脫口而出，我被自己嚇了一跳，我終於明白體內燃燒的熊熊烈火代表什麼了。

我好不甘心啊！

蒼空同學邀請由宇和他一起去法國，卻沒有找我。蒼空同學選擇履行他和由宇的約定，而不是和我的約定。

也對，像我這麼平凡的女孩子，他本來就沒理由選我。比起和我這種人的約定，當然是和由宇的約定比較重要嘛！

要是我能像由宇那麼可愛就好了；要是我能像由宇那樣任性就好了。

我好羡慕由宇。

啊……我好想變成由宇，因為我想待在蒼空同學身邊。

——因為我喜歡蒼空同學。

意識到這點，淚水比雨水更加洶湧，奪眶而出。

回到家，淚水仍止不住的落下。爸爸媽媽如果看到我這副德性，一定會很擔心吧？

為了不讓他們擔心，我推開玄關的門，故意用充滿活力的語氣說：

「我回來了！還有功課要做，我去一下實驗室！」然後就躲進實驗室裡。

7 — 對蒼空的心意

雨水敲打著實驗室的窗戶、牆壁、屋頂，因為是鐵皮屋，牆壁很薄，前後左右都環繞著雨聲，風好像越來越大了。

颱風現在走到哪裡了呢？早上心不在焉看著電視時，只注意到由宇家那邊好像已經脫離了暴風圈。

聽說颱風的行進速度跟汽車差不多……要是能一直颳颱風就好了。這麼一來，飛機就不能起飛了。為了留住蒼空同學，我甚至想留住颱風，雖然明知這是不可能的事……

我把臉埋在膝蓋裡好一會兒，淅瀝嘩啦的雨聲好像還夾雜著敲打什麼東西的「咚咚」聲。

什麼聲音？

我豎起耳朵，聲音很快就消失了，是我的錯覺嗎？

我想起蒼空同學第一次來實驗室的情景。

從小喜歡昆蟲和自然科學的我，在三年級的時候，因為同學隨口一句「理花好奇怪」而感到受挫……明明內心還是喜歡，表面卻一直強調自己討厭理化。直到升上五年級，受到蒼空同學的鼓勵，才讓我重新想起喜歡理化的心情。可是我卻為了逃避，當著蒼空同學的面前，說出「喜歡做甜點的男生像女生」這種話。

當時我以為蒼空同學討厭我了，因為我明明知道聽到這種話會有多傷心。那個時候，我非常討厭自己，討厭得不得了！感覺周圍一片漆黑，不知該往哪裡去？只能躲進實驗室。

可是……蒼空同學卻從天花板附近的窗戶朝裡面探頭探腦，那個表情在我眼前浮現。當時的蒼空同學耀眼極了，簡直是小太陽。

「理花，大大方方面對自己吧！」

我的話明明傷害了他，結果他不但沒生氣，還耐心地開導我。有了他的幫助，我才能找回自信，重新振作起來。

蒼空同學就是這種人，當我快要停下腳步的時候，他會拉著我的手往前走。想起他的大手，感覺心好痛。

啊！原來如此！我……從那個時候……從蒼空同學帶我走出實驗室的那一刻起，就已經喜歡上蒼空同學了。

可是……可是……蒼空同學已經不願意再拉著我的手了，蒼空同學的手接下來要牽的對象肯定是由宇。

我的眼淚又要流出來，我正要把臉埋進膝蓋之間，天花板附近的窗戶卻突然被打開了……

我嚇了一跳！

跟上次一樣，蒼空同學又從窗口探頭進來。咦？這是在做夢嗎？還是幻覺？

「為什麼？」我不由得喃喃自語，只見蒼空同學一臉不高興的說：

「還敢問為什麼？誰叫妳剛才突然說要回家，而且還一臉快要哭出來的模樣？」

欸？欸欸——他生氣了！我嚇得往後退，一頭撞上桌角。好痛！

「我不是在做夢，這也不是幻覺？」我小聲低語。

蒼空同學已經從外面爬進來，往下一跳，完美著地。雨水順著蒼空同學的髮絲滴落，他橫眉豎眼的瞪著我看。

哇，**他好生氣！**

「剛才是怎麼回事！等等……妳怎麼在哭？」

想說的話太多，可是全都堵在胸口，我一個字也說不出口。

蒼空同學有點手足無措，沉默了好一會兒，換成輕柔的語氣說：「我們不是拍檔嗎？有什麼問題應該要說出來。」

沒錯，**我們是最佳拍檔！**我告訴自己，即使不像由宇那麼「特別」，我也是蒼空同學的搭檔。

既然如此……他或許會聆聽我的請求？我鼓起勇氣開口：「蒼空同學……你可以不要去法國嗎。」

「什麼？」

求求你，答應我吧！我祈求的看著他，蒼空同學嚇了一跳，然後露出左右為難的表情。

「只有這件事……就算是理花，我也不能答應。我不能錯過這個機會，因為我無論如何都想做出『夢幻甜點』。」蒼空同學凝視我的雙眼，開口說道：「我還以為理花一定能明白我的心情……」

這句話聽起來好像對我感到失望……我的心好痛。與此同時，腦中浮現出由宇的臉，如果是由宇呢？

「那……我也想跟你去法國。」我脫口而出這句話。

蒼空同學訝異的瞪大雙

眼，隨即用力搖頭：「不可能吧！因為還需要辦護照，機票也很貴……」

可是他明明要由宇跟他一起去……果然是我不夠資格，我的心裡不斷冒出黑色的泡泡……

「等我回來，我們就能繼續一起做甜點啦！」蒼空同學安慰著我，但我已經聽不進去了。

剛才那句話是我有生以來最大的請求……可是，像我這種人還是留不住蒼空同學。我在他的心目中，是如此微不足道……他明明說我們是最佳拍檔，**都是騙人的！**想到這裡，我不禁悲從中來，又把臉埋進膝蓋之間。

8 回憶的鬆餅

「理花、理花，妳怎麼了？」蒼空同學疑惑的聲音交織著雨聲，傳進我的耳朵裡，但我實在無法抬起臉來，因為我不想讓他看見我哭泣的臉龐。

枉費他好言相勸，我卻不願打起精神，他一定會覺得我這個人很麻煩。他一定是覺得我這種人很傷腦筋，所以蒼空同學才會選擇跟由宇一起製作甜點，而不是我。

我也不願意這麼想，但這種想法卻接二連三湧上心頭。**我好討厭我自己！**我希望他不要再理我了。

「你快回去吧……」這一刻，我的聲音顫抖得令我無地自容。

「為什麼？」

「跟由宇在一起，肯定比跟我這種人在一起開心多了。」

「這種人？什麼這種人？」蒼空同學不耐煩的大聲反問，他的語氣令我不由自主的發抖。

「理花？蒼空同學？你們在裡面嗎？」外頭傳來媽媽的聲音，我把臉從膝蓋上抬起來，趕緊擦乾眼淚開門。

強風與落葉一起掃進實驗室，在地上轉圈圈。

「你們兩個孩子是怎麼回事？全身都淋得溼答答的！」媽媽愣了一下。她連忙打開暖氣，回家拿了兩條大毛巾過來。

媽媽將毛巾遞給蒼空同學，嚴肅的說：「蒼空同學，這一帶剛進入暴風圈，所以你最好先待在這裡，等風勢減弱再回去。」

什麼？

我愣住了。這麼一來，蒼空同學不就暫時不能回家了？也就是說，這種尷尬還要持續下去？我慌了手腳。

媽媽渾然未覺，接著說：「外面很危險，你不要客氣。我幫你打電話跟家裡說一聲。」

「謝謝阿姨，那我就不客氣了。」蒼空同學很有禮貌的向媽媽道謝。

咦，就這麼決定了嗎？怎麼辦？

「你們要待在這裡，還是回家？風雨應該不至於大到會把實驗室吹跑……但你們都淋溼了，最好換件衣服避免著涼。還有，你們應該還沒吃午飯吧？肚子餓不餓？」媽媽將毛巾遞給我，有點擔心的說著。

蒼空同學偷偷的看了我一眼，眼裡也是滿滿的擔憂，我有些心慌意亂，不知如何是好。

「不用了，我待在這裡就好。室內有開暖氣，衣服一下就會乾了。

啊！對了！既然如此，我想自己弄東西來吃！好不好？理花。」蒼空同學開朗的笑著說。

如果我拒絕的話，媽媽一定會追問原因……我只好勉強笑了一下，默默點頭。

「是嗎？那需要什麼東西？我幫你們送來。」

「我想想，那麼……」蒼空同學要了蛋和牛奶、麵粉、砂糖、泡打粉，然後又開口借了一些廚具，請媽媽幫忙準備。

媽媽拿東西過來時，還不忘交代：「如果有什麼問題，要馬上過來跟我說喔！萬一風雨變大，光用喊的可能聽不見。」媽媽離開後，實驗室裡面又只剩下雨聲。

我沉默的低著頭，不敢看蒼空同學的臉。這或許是我有生以來，最難堪的時候。

我呼吸困難的嘆了一口氣，蒼空同學突然站起來：「好，來做吧！」

他開始計量麵粉，並倒入調理盆。

我還以為他要繼續討論剛才的話題，所以大感意外。

他要做什麼？

我默不作聲的盯著他，露出了是不是需要我幫忙的表情，但他指著圓板凳對我說：「我來就好，妳只要坐在那邊看。」我按照他說的，坐在圓板凳上。

蒼空同學從盒子裡拿出三顆蛋，將蛋黃與蛋白分別倒入不同的調理盆，單獨將蛋白放進冷凍庫，然後把砂糖與蛋黃攪拌均勻。

咦，這是……正當我在想他打算做什麼時？蒼空同學說：「這時要『把牛奶加到蛋液裡』對吧？」

蒼空同學一邊說著，一邊將牛奶以非常緩慢的速度，一點一點的加到蛋液裡。接著，他將鍋子放到瓦斯爐上，開火，並用力攪拌，直到它變得黏稠。啊！**這是卡士達醬！**而且比上次做的時候更滑順，不只奶油充滿光澤，也很綿密。

聞到甜甜的香味，我情不自禁地吞了一下口水。

「以前做得跟蛋花湯似的，現在簡直判若兩人吧？」我點頭認同，蒼空同學開心一笑。

做完卡士達醬，蒼空同學繼續在調理盆裡倒入蛋和牛奶，並攪拌均勻。接著加入麵粉、砂糖和泡打粉，稍微攪拌，等到裡頭不再有粉末狀，然後語帶神祕地說：「接下來是蛋白，而且我想到一個可以不會讓蛋白剩下來的**絕招**！」

蒼空同學從冷凍庫裡取出剛才製作卡士達醬時，暫時用不上，先分開處理的蛋白，唰唰作響的開始打發蛋白。

啊！我明白了。這是製作棉花糖的白色泡沫！上次做的時候，他好像很費勁，這次卻連大氣都不喘一下。

見我露出佩服的表情，蒼空同學有些自豪的說：「這叫蛋白霜，我每天都在練習，所以這點小事已經難不倒我了。爺爺也同意讓我幫忙。」

他一派輕鬆的繼續攪拌，過一會兒，紋理細緻的蛋白霜就完成了。

再來要做什麼？要做棉花糖嗎？我還在思考時，蒼空同學已經把蛋白霜移到另一個調理盆中，稍微攪拌一下，便將輕柔如雲絮的麵糊，倒進已經抹上熱油的平底鍋裡，倒成圓形，蓋上鍋蓋。

他的動作如行雲流水，一氣呵成，比上次俐落許多。

我想起第一次做餅乾的狀況，他進步好多，令我大吃一驚！在我看不到的時候，蒼空同學到底是怎麼苦練的呀？

實驗室裡充滿了香香甜甜的味道，鬆鬆軟軟的麵糰變得圓圓膨膨。

「這時要再放上追加的麵糊。」蒼空同學繼續將麵糊倒在隆起的麵糊上，再度蓋上鍋蓋。

他到底想做什麼？我開始有些期待。

又過了一會兒，蒼空同學說：「快好了。」他準備翻面，順利的將直徑十五公分左右的圓形麵糊翻面，表面呈現酥脆的金黃色……

哇，這是……我睜大雙眼，原先的失落感幾乎拋到九霄雲外！是鬆餅！而且厚度是上次做的鬆餅兩倍，看起來好膨鬆、柔軟。原來剩下的蛋白還能這樣處理啊！

「好神奇……」我脫口而出。

蒼空同學笑咪咪的說：「是不是很特別？這是用剩下來的蛋白做的特製厚鬆餅！」他得意洋洋的說，將膨鬆柔軟的鬆餅（譯註：口感蓬鬆，類似法式舒芙蕾，Soufflé 法文意思是膨脹起來，吃起來像棉花糖。）放在盤子上，再淋上大量預先做好的卡士達醬。

「吃了這個，打起精神來吧！」

哦！原來蒼空同學是為了讓我打起精神啊……我這才明白他的心

思，蒼空同學真是太體貼了。

但是我反而更難受了，覺得自己沒資格讓他為我付出這麼多。

「趁熱吃吧！」蒼空同學催促著，我趕緊咬下一口。

厚鬆餅的口感非常輕盈，感覺一放進嘴巴裡就融化了，比上次做的好吃太多倍！簡直不像是同一種食物。如果說它是出自於專業的甜點師傅之手，我絕對會相信。

「好好吃……」

「對吧？我想繼續學習，做出更好吃的甜點！希望能讓來Patisserie Fleur的客人都露出喜悅的笑容！」他抬頭挺胸，繼續說道：「所以

——**我要去法國。**」蒼空同學的表情閃閃發光。

他以非常真誠的眼神，動也不動的看著我。感覺像是在對我說「妳能理解我的心情吧？」我強忍住內心撕裂般的痛楚，用力點頭。

「說的也是，蒼空同學一定能**成為一流的甜點師傅。**」可是這麼一來，蒼空同學就要拋下我，獨自去法國了。

鬆餅明明很好吃，我卻嚐到眼淚的味道，怎麼也說不出來「祝你一路順風」這種話。

儘管如此，我還是想回應蒼空同學，於是我忍著眼淚嚥下鬆餅，努力擠出一絲笑容。

9 颱風過境

吃完鬆餅，我們一起把實驗室收拾乾淨，外面的風雨也逐漸減弱。蒼空同學說：「看起來颱風好像走了，我也該回家了。」我笑著點頭，盡可能讓自己表現正常。

蒼空同學看見我這樣，似乎鬆了口氣，臉上浮現出跟平常一樣，陽光般的笑容。「那就明天見啦！」

雨也停了，望向西方，從雲層縫隙隱約可見到藍天。我站在門口，

目送蒼空同學回家。

「理花同學。」耳邊傳來熟悉的聲音，我回過頭去，眼前是個身材高挑的男士。他穿著連帽衫和牛仔褲，打扮得很隨興，看起來跟大學生差不多，但我認得他那頭輕柔飄逸的頭髮，還有與世無爭的笑臉。

「葉大哥？你怎麼會在這裡？」好久沒看到穿著便裝，身上少了制服的葉大哥，一時之間，差點認不出來。

「Patisserie Fleur 今天下午休息。風雨好不容易減弱，所以我出來買點東西。」

印象中，葉大哥好像住在這附近。

「發生什麼事了？」突然被問到這個問題，我心裡一驚。

抬起頭，葉大哥正一臉擔憂的看著我。

「為什麼這麼問？」我說。

「因為妳從昨天就一副悶悶不樂的樣子。」葉大哥的關心令我感動萬分，不禁一陣鼻酸。

好孤單、好難過，不知該向誰訴說的心情，一下子脫口而出：「我覺得蒼空同學就算沒有我也無所謂……」

「妳是指他要去法國的事嗎？」

只聽到這句話，他就懂了嗎？我點點頭，葉大哥有些意外的睜大雙眼：「妳這麼不希望他離開啊？」

我點點頭，又想哭了，我就是這麼不想跟蒼空同學分開。

葉大哥輕聲嘆息，坐在門前的台階上，我也在他旁邊坐下，葉大哥說：「這是我小時候發生的事。」

「什麼事？」

我感到莫名其妙，葉大哥對我露出「稍安勿躁」的微笑，然後娓娓道來：「我和蒼空一樣，從小跟祖父學做甜點。但我祖父的脾氣非常古怪，跟主廚很像，他們都是匠人的完美性格。但我的祖父手藝很好，製作的甜點非常好吃，是我的驕傲。」

我被他的故事吸引住了，這才發現我對葉大哥一無所知。

他又繼續說：「總之，我每天都很努力的練習，只要能讓吃到食物的人露出喜悅的笑容，一切的辛苦都不算什麼。只要能聽到一句『好吃』，再怎麼辛苦都能夠堅持下去。做甜點很快樂，真的很快樂喔！」

我聽葉大哥這麼說，不禁想起剛才的蒼空同學。蒼空同學也跟他一樣。每天都努力學習，卻絲毫不以為苦。感覺他根本樂在其中、不可自拔，所以才能進步神速。

「希望能讓吃的人都露出喜悅的笑容？」蒼空同學好像也說過同樣的話。希望能讓來Patisserie Fleur買甜點的人，都露出喜悅的笑容！

說起來，蒼空同學和葉大哥的背景其實非常相似，他們從小就很喜歡做甜點，也很喜歡爺爺，所以葉大哥或許能理解蒼空同學的心情。

想到這裡，葉大哥點點頭，眼神望著遠方。

「我祖父經常把一句話掛在嘴邊，那就是希望能做出讓吃到的人都感到幸福的甜點。我的祖父為了能夠看到客人滿意的笑容，為了能夠學到世界上獨一無二，傳說中的甜點，決定去法國深造。」

世界上獨一無二，**傳說中的甜點？**

「可是，經過嚴格的訓練，等到他終於有機會學習如何製作時，那個作法卻被人搶走了！即便如此……我的祖父仍不願放棄，直到最後，他都還念念不忘。所以我想完成祖父的心願，我畢生的願望就是親手做出『傳說中的甜點』。」我不經意的往旁邊一看，夕陽照亮了葉大哥左側的臉頰，他右側的臉頰反而有點幽暗。

我突然覺得有點害怕。「葉……大哥？」

葉大哥驀地抬起頭來，似乎又變回原來的葉大哥。

我鬆了一口氣。

但葉大哥那副陰鬱的表情烙印在我的腦海中，「傳說中的甜點」也縈繞在我耳邊，胸口的不安並未完全消散。

這個人……真的是我認識的葉大哥嗎？

我直盯著他看，葉大哥不好意思的笑著說：「我好像扯遠了……總之，我想說的是，妳應該也有非常喜歡，喜歡到朝思暮想的東西吧？」

這句話令我恍然大悟。

或許我一直處於這種狀態也說不定……**我總是想著理化的事！**我可以花一整天的時間去採集昆蟲，做實驗也總是忘了時間。如果有機會去地球的另一邊觀察特別的昆蟲，問我要不要立刻去，我一定也非常想去。

我忽然能夠體會蒼空同學的心情了。

原來如此……蒼空同學的夢想是做出「夢幻甜點」，如今，好不容易可以實現夢想了，肯定會不惜付出任何代價的爭取吧？我不能這麼任性的扯他後腿，我……我必須支持蒼空同學去做他想做的事。

「為了讓蒼空同學能實現他的夢想，妳願意祝他一路順風嗎？」葉大哥溫柔的問我。

他體貼的笑容，瞬間撫慰了我緊繃的心，我慢慢的放鬆下來，內心開始產生想支持蒼空同學實現夢想的決定。

我想，**我可以祝福他了**。

「葉大哥，謝謝你，我會笑著為蒼空同學送行。」

10 最後一次的合作？

隔天，也是連假的第二天，颱風切過南部，往太平洋去了——新聞是這麼說的。

聽說颱風的威力很強，進入陸地時，吹翻屋頂、吹斷電線桿，造成相當大的災害。幸好這一帶沒有受到太大的損壞，但院子和家門口的馬路上還是積滿了不知道從哪裡飛來的垃圾和樹葉，遍地狼藉。

「隔壁市區好像很慘，大範圍的停電。」

「真擔心農作物的損壞程度。」爸爸和媽媽邊撿垃圾邊討論。

我也幫忙用掃帚把落葉集中起來，全家人同心協力，好不容易才將環境打掃乾淨。吃完午飯之後，我便出門前往Patisserie Fleur。

昨天實在是太失態了，我要去向蒼空同學道歉，想好好的祝他一路順風，我不想在那麼失控的狀態下與他分開。我希望蒼空同學回來的時候，還能跟他一起做甜點。

抵達Patisserie Fleur時，一推開店門，裡面擠滿客人，大概是因為風停雨歇，現在總算能出門了。

正在接待客人的葉大哥看到我，有些不好意思的說：「理花同學來啦！抱歉，客人太多了，妳從後面繞過去好嗎？要找蒼空的話，他在爺爺家裡。」

啊！沒錯，店裡現在客人這麼多，我不適合待在這裡。只是我在爺爺家門口脫鞋時，突然想到一件事。由宇昨晚住在這裡，我昨天那樣落荒而逃，等一下見到面，我該怎麼面對她呢？

想起臨別之際，由宇得意洋洋的樣子，我還是覺得很不是滋味，內心充滿不甘心，還有欣羨……我的胸口又掀起驚濤駭浪。不！我不想再變成那樣了，因為就連我也覺得自己昨天的表現很糟糕。

我慢吞吞的穿越走廊，蒼空同學正在客廳裡等我。

「理花！」蒼空同學對我招手，臉上綻放笑容。

我戰戰兢兢的踏進客廳，四處張望……咦，由宇呢？我還在納悶時，蒼空同學告訴我：「由宇還在樓上睡覺，那傢伙早上總是睡得很晚，加上昨天又熬夜，沒人叫的話，不曉得要睡到幾點？」

我看了一下時鐘，已經過中午了呢！啊，既然由宇不在，要說就趁現在！我鼓起勇氣開口：「蒼空同學，真是對不起……因為突然聽說你要去法國，我嚇了一大跳。」

蒼空同學點點頭，輕聲說道：「現在沒事了吧？打起精神了嗎？」

「嗯，謝謝你特製的鬆餅，很好吃。」要說完全打起精神是不可能的，但我還是努力擠出笑容。

昨天和葉大哥聊過之後，我決定了，我不想讓蒼空同學擔心。明天他就不在日本了，所以，我想笑著為他送行，還有，我要祝他一路順風。

「那、那個……蒼空同學……」

就在這個節骨眼，玄關門被打開，我嚇了一跳！只見桔平同學捧著紙箱走進來。

咦？他怎麼來了？

蒼空同學看到桔平同學，表情也很意外。「桔平？有事嗎？怎麼突然來了？」

「我去店裡找你，葉大哥說你在這裡。」桔平同學放下偌大的箱子，撕開封箱的膠帶，打開紙箱。

紙箱裡裝滿紅豔豔、亮晶晶，看起來好好吃的蘋果！

「這是怎麼回事？啊——」我想起來了。桔平同學前天說過，他要去爺爺經營的蘋果園幫忙。

「這是你爺爺家的蘋果嗎？」我問他，桔平同學一臉悲傷的說：「昨天的颱風把爺爺家的蘋果都吹落了，眼看就快要可以收成……這些只是被風吹落的一小部分，真是太可惜了。」

「咦……」

桔平同學拿出蘋果，轉了一圈，指著其中一個地方說：「你們看這裡。」蘋果表面有一處非常細小的傷痕。

「這有什麼問題嗎？」

「只要有這麼一點小傷，蘋果就不能賣了。」

我大吃一驚。

「騙人的吧！看起來明明就很漂亮！」蒼空同學也叫了起來。

「就是說啊！味道也非常香甜！可是一旦有傷痕，價格就會大跌。而且我爺爺的果園是可以供客人採摘蘋果的經營方式，所以已經掉落的蘋果只能丟掉……」桔平同學的眼眶盈滿淚水。「我不忍心看蘋果被丟掉，想說可以做點什麼……因為這些蘋果都是我照顧的。春天的時候要施肥、套袋！夏天不僅要除草，還得忍住噁心幫忙除蟲！所以每年都很期待收成！」

我都不曉得他那麼認真幫忙種植蘋果！用心呵護而來的果實，怎麼捨得丟掉！我也想幫忙，可是……**該怎麼幫忙？**

「桔平同學，掉落的蘋果有多少？」

「嗯……用這種紙箱裝的話，至少也有五十箱。」

這麼多？我不禁臉色鐵青，本來還以為可以拜託媽媽買下來。可是這麼多的數量，光靠我們家絕對吃不完。請班上同學幫忙買的話，五十箱……一人一箱也買不完。

我還在動腦想辦法，一旁的蒼空同學突然握拳大聲說道：「我知道了！我去拜託爺爺看看。」

「咦？」

要請爺爺買下來嗎？可是就算全部買下來，這也不是能夠吃得完的數量。他有什麼想法嗎？

只見蒼空同學咧嘴一笑，語氣肯定的說：「用來做甜點的話，就算有傷痕也完全沒問題。而且擺在店裡販賣，說不定會大受歡迎！這樣一來，五十箱一下子就用完了！」

要做成甜點嗎？這真是個好主意！

蒼空同學去烘焙坊找爺爺商量，表達了剛才的想法，他說得口沫橫飛。只見爺爺默默的聽他說完，拿起兩顆桔平同學帶來的蘋果，問桔平同學：「我可以試試味道嗎？」

桔平同學點點頭。

爺爺切開蘋果，各嚐了一片，緊接著，爺爺閉上雙眼，像是非常仔細品嚐蘋果的味道。他的樣子非常專業，看得我有點緊張。

「這顆比較酸，這顆水分比較多。」

「因為有兩個不同的品種。」桔平同學認真的為爺爺說明。

咦？還有不同的種類啊？我看著蘋果自問自答，因為光從外觀，我根本看不出有太大的差異。

「桔平，你好厲害，居然能分辨品種？」

「因為我從小吃到大嘛！」

「桔平同學是蘋果專家呢！」爺爺佩服的說，桔平同學自豪的用手指摸了摸鼻尖。

「嗯，味道還不錯，可是……」爺爺露出為難的表情。「實不相瞞，我們家不做蘋果的甜點。」

「咦？」

我大吃一驚！下意識的望向店內，回想蛋糕櫃裡的產品，確實沒有蘋果相關的品項！就連誇口全部都吃過一輪的爸爸，也不曾買過蘋果的甜點回家！

「這麼說來……」蒼空同學也語塞，不知該怎麼辦。

好奇怪啊！蘋果派明明是一般甜點店都會有的基本商品。為什麼這裡沒有呢？我感到很好奇，只見爺爺以懷念的目光看著蘋果。

下一秒鐘，蒼空同學興奮的說：「既然如此，那就由我們來研發新商品吧！」

新商品？

「我今天剛好想做新甜點！」

哇啊啊，這點子太棒了！

「這麼一來就沒問題了吧？爺爺。」蒼空同學看著爺爺，可是爺爺的表情還是有點猶豫。

「嗯……可是啊……我對甜點……尤其是蘋果做的甜點特別挑剔，如果只是隨處可見的普通甜點，可不能在我的店裡賣。」

我們面面相覷，要得到爺爺的認可簡直是比登天還難的任務，但也不能就這麼打退堂鼓，輕易放棄！

蒼空同學代表我們發言：「我一定會做出特別美味的甜點給您看。」

我們也趕緊向爺爺低頭懇求：「拜託您了，爺爺。」

「好吧！如果能夠做出讓我滿意的甜點，我就考慮買下那些蘋果。這樣可以嗎？」爺爺拗不過我們，只好答應了。

「好！」桔平同學嚴肅起來，表示他什麼都願意做。

我的心頭浮上喜悅！太好了！又可以跟蒼空同學一起做甜點了！可是——蒼空同學明天就要去法國了，所以這是我和蒼空同學**最後**一

次做實驗。想到這裡，我的心又感到刺痛。

其實我好想大聲叫他不要去，但眼角餘光望向店裡，只見葉大哥一直利用接待客人的空檔，留意著這邊的狀況。

葉大哥以溫柔的眼神鼓勵我。沒錯，我今天來是為了好好的跟蒼空同學說再見。

等到成功做出新商品後，我再以發自內心的笑容祝他一路順風。

「我們要一起製作新商品……加油吧！」

蒼空同學用力點頭，露出大大的笑容。

我告訴自己，要讓最後一次實驗成為我們畢生的回憶，不能讓他對我的回憶只剩下哭泣。

我拚命告訴自己這一點，並努力擠出燦爛的笑容。

11 救星駕到

桔平同學帶來的蘋果，一箱共有二十個。話說回來，桔平同學真的好有力氣啊！這麼重的蘋果，他居然能自己搬來？我試著想抬起來，根本移動不了分毫！蒼空同學雖然搬得動，但也有點吃力呢！

受傷比較嚴重的蘋果，有的傷口附近已經開始變成咖啡色了。哇！如果不趕緊處理的話，很快就會壞掉了。

我們心急的盯著蘋果看，桔平同學先開口說：「這裡的二十顆蘋果，

光要削皮就得花上很多時間。」

「就是說啊！時間太緊迫了。而且也不是做出來就好，還要得到爺爺的肯定，這可不是一件容易的事。嗯……」蒼空同學念念有詞。

以前做餅乾和鬆餅時，也遲遲過不了爺爺那關。仔細想想，一天之內就想要得到爺爺的肯定，簡直是**不可能的任務**。

「好！我去找人幫忙！奈奈應該願意幫忙！」桔平同學說完，就像一陣風似的衝出客廳。

「嗯……幫手啊？大概只有那傢伙會來吧！」蒼空同學嘴裡嘟嘟囔囔，然後說：「我也出去一下，啊！理花，請你先把蘋果從箱子裡拿出來，檢查一下損傷的程度。」說完，就一溜煙地跑開了。

廚房裡只剩下我一個人，我從紙箱拿出蘋果，一一檢查。過了十分鐘左右，玄關傳來聲音。

只見桔平同學帶著奈奈同學、百合同學和小唯同學回來。又過了一會兒，脩同學也出現在廚房裡。

哇，好多人！**有希望了！**

不過脩同學看起來一臉不情願，他的出現令我十分意外，脩同學注意到我的反應，連忙解釋：「我是被廣瀨硬拖來的。」

咦？蒼空同學去找脩同學幫忙？

「他說我看起來沒事，而且大家都是一起去露營的夥伴，就不由分說的把我拖來。問題是，我可不是閒閒沒事的人，我還想看側錄下來的紀錄片呢！上週不是播了熱帶草原的動物特輯嗎？」脩同學嘀嘀咕咕地猛發牢騷。

我有點驚訝！蒼空同學會去找脩同學？他們明明動不動就吵架……啊！難不成是因為去了法國以後，就再也見不到大家了，他想跟脩同學保留一點美好的回憶嗎？

想到這裡，我有些傷感。

客廳裡陸續傳來交談的聲音，蒼空同學正在和百合同學她們討論事情，正當我好奇他們在討論什麼時，突然聽到奈奈同學大叫：「什麼？你要去法國！太令人羨慕了吧！」

「你要去法國哪裡？怎麼這麼突然？學校怎麼辦？」

「這個嘛……」蒼空同學耐心地回答大家的提問，可是聲音太小了，我站在廚房聽不清楚，正打算走向客廳時——

「一大早的吵死了，**你們到底在吵什麼？**」由宇嘴裡抱怨著，從二樓走了下來。

談話聲戛然而止，蒼空同學從客廳來到走廊上。

「在說什麼夢話，已經下午一點了。」

「什麼？」由宇頂著一頭亂髮，睡眼惺忪的抬頭看時鐘。

她原本就是這麼不修邊幅嗎？我感到有點意外。

身上黑色的T恤和及膝短褲，看起來很適合她，大概是蒼空同學的衣服吧？好看的人穿什麼衣服都好看啊！即使睡眼惺忪，一頭亂髮的樣子也很好看，真令人羨慕啊……

腦中才剛浮出這個念頭，我連忙搖頭阻止自己。不可以！一旦冒出這種想法，肯定又要消沉下去了。

「這個人是誰？**好可愛啊！**」桔平同學對著他旁邊的脩同學竊竊私語。

啊！前天我們帶由宇參觀環境的時候，她先跑進公園裡了，所以桔平同學還沒有見過她。

脩同學說：「由宇是廣瀨的親戚……」

話才說到一半，脩同學突然皺著眉，側頭對桔平同學說道：

「……等等，五十嵐，你是不是搞錯了啊？仔細看就知道啦。」

「什麼意思？」桔平同學一邊回應，一邊還緊盯著由宇不放。

脩同學搖搖頭，露出不可置信的表情。

我看到桔平同學死盯著由宇，看得兩眼發直！見到他這副模樣，我不禁冷汗直流。因、因為……我偷偷的看了一眼奈奈同學，只見奈奈同學正盯著桔平同學，滿臉不開心。

我就知道！

不可以啦！桔平同學！奈奈同學喜歡你，你不知道嗎？

「看來『颱風』還沒走遠呢！」脩同學突然冒出這句話，還嘆了口氣，他把視線移回由宇臉上。不過，他看由宇的眼神與桔平同學截然不同，感覺冷冷的，而且有點煩躁。

接著，脩同學對我說了一句奇怪的話：「那個叫由宇的傢伙，非常清楚自己在別人眼中是什麼樣子。」

什麼意思？我不解的眨著眼，自己在別人眼中是什麼樣子？

「我也是這種人，所以看得出來。如果知道自己有什麼優點，拿出來展現倒也無可厚非，但是傷害別人的話，就有點惡劣了。還有任由這傢伙胡鬧的廣瀨也好不到哪裡去，難道廣瀨家的人都這樣嗎？」脩同學的話令我大吃一驚！

惡劣？他居然這樣形容那麼可愛的女生？

不過……什麼是由宇的優點？脩同學為什麼要這麼說？見我一頭霧水，脩同學皺著眉頭，說道：「理花同學，**妳該不會也誤會了？**」

「我誤會什麼？」

「那傢伙……」脩同學指著由宇，正要開口的時候，由宇打斷了他，神色倉皇地叫了起來：「那邊那個戴眼鏡的男生！不、不要再說廢話了，跟人家一起做甜點嘛！」還一把挽住脩同學的手臂。

我還搞不清楚發生什麼事，只見由宇急忙忙地拖走脩同學，嘴裡不斷嚷著：「來嘛！來嘛！快過來！」力氣大到脩同學都快要跌倒了。

咦？

我嚇了一跳。因為我實在太驚訝了！我的眼珠子差點掉出來。現在是什麼情況？由宇喜歡的人不是蒼空同學嗎？既然如此，為什麼會對不喜歡的男生做出如此親密的舉動……

這到底是怎麼回事？

「這是做什麼啦？快放開我！」脩同學被她這麼一拉，有點慌張，他試著站穩腳步，不讓由宇拖走。

「有什麼關係？快點過來嘛！」由宇笑咪咪的撒嬌，一邊動手想將脩同學拖進廚房。

但脩同學已經恢復鎮定，還賊賊一笑，對由宇說著奇怪的話：「我已經知道了，不要用對付別人的那套，在我身上是不管用的！」

由宇一聽，露出錯愕的表情。「怎麼可能!?」

「如果以為能騙過所有人，那就大錯特錯了。」脩同學看著由宇抓住自己的手，冷笑著說。

由宇突然放開脩同學的手，下一秒，整個人向後退，只見她滿臉脹紅，耳朵也是。

脩同學以挑釁的眼神看著由宇：「我可以把祕密告訴大家嗎？」

「你在說什麼？人家哪有什麼祕密？」由宇這次改將一隻手繞到脩同學的脖子上，以鎖喉的方式拖著他。

「哇！做什麼？好、好痛……」脩同學臉上的表情扭曲，整個人被由宇拖著走。

「由宇！玩得太過火啦！真是的，你們到底在做什麼……」蒼空同學大為傻眼，追著由宇他們走進廚房。

等、等一下！

我覺得有點不太對勁，由宇在蒼空同學面前這麼做，難道都不怕蒼空同學誤會嗎？如果是我，我一定不敢這麼做……

這麼說來，由宇上次也是一把抱住蒼空同學，該不會那只是一種打招呼的方式吧？外國人不是都以擁抱代替打招呼嗎？會不會是受到法國籍奶奶的影響，所以蒼空同學已經見怪不怪，也不覺得有什麼？啊！這麼一來，就說得通了！

無數的問號在我的腦袋裡竄來竄去，看到大家都追著他們跑向廚房，我趕緊停止胡思亂想，別拋下我啊！

不管了，先追上去再說。

12 挑戰新食譜

「種類齊全比較好吧！」桔平同學說著，便將蘋果分門別類的擺在桌上。只見桌上擺滿了果皮鮮紅、小巧可愛的蘋果。

「哇！好可愛！」百合同學、奈奈和小唯都看得著迷了。

蒼空同學一臉凝重，用平板電腦瀏覽蘋果相關甜點的作法。大家一起討論的結果，決定挑戰最經典的蘋果派。

「理花，妳覺得這些作法中，哪個比較好？」傷透腦筋的蒼空同學

問我。「沒有時間了，還得過爺爺那一關，或許直接挑戰難一點的會比較好吧？」蒼空同學上網搜尋到一些蘋果派的作法，有簡單又好吃的簡易蘋果派，也有必須從派皮開始製作，步驟繁複，使用多種材料，看起來很有挑戰性的蘋果派食譜。

「嗯……」我也陷入沉思。

「難一點或許能做出專業的味道……」蒼空同學是這麼考量的。

「可是失敗的可能性也很高，爺爺說過派皮很難做。」我提出問題。

「我們可沒有時間失敗。」

想到這裡，我們面面相覷。

根據以前的經驗，我覺得先從簡單的作法開始做起，然後再加入我們自己的創意比較好。

「那就從這種簡單的作法開始做吧！四個蘋果派的份量是一顆蘋果……其他材料我看看……奶油十五克、砂糖一小匙……啊！還要兩片冷凍派皮。」蒼空同學迅速的抄進食譜筆記，同時念給大家聽。

①蘋果洗乾淨，削皮，去芯，切成零點三公分左右的薄片。

②冷凍派皮解凍，切成四等分。在四片切好的派皮上斜斜的各劃兩刀。再用叉子為剩下的四張派皮戳洞。

③把①的蘋果鋪在戳洞的派皮上。

④撒上一小匙的砂糖，再放上撕成小塊的奶油。

⑤蓋上劃出刀痕的派皮，壓緊邊緣，讓派皮密合。

⑥放進預熱至兩百度的烤箱裡，烤二十到三十分鐘，烤到底部也呈現出漂亮的焦色就大功告成了。」

「嗯、嗯。」我點頭如搗蒜，記住這些步驟。

「一顆蘋果用掉兩張派皮的話，二十顆蘋果就是兩張的二十倍，相當於四十張派皮……」一旁的脩同學出聲，幫忙計算材料的用量。

「不用一次烤那麼多，先做四顆蘋果的份量吧！這麼一來，就能做出十六個蘋果派，八個人分的話，一個人可以分到兩個。」蒼空同學憑著經驗做出決定。

決定好份量之後，接下來就是要去採購。蒼空同學和桔平同學負責去車站前的超級市場買派皮，剩下的人則利用這段時間搬來工作桌，先提前做好準備。

蒼空同學和桔平同學很快就回來了，大家把手洗乾淨，開始分頭進行。奈奈和桔平同學負責削皮，由宇和小唯負責切蘋果，蒼空同學和百合同學則負責切派皮。至於不太會用菜刀的脩同學和我，跟上次露營一樣，我們負責其他不必用到刀子的事情。脩同學準備烤箱，我用磅秤為砂糖和奶油秤重。

我有點羨慕的看著其他人，奈奈同學熟練地使用菜刀，大概平常在家裡也常幫忙做菜吧？我覺得好佩服。沒想到桔平同學也不遑多讓，看起來得心應手。

「桔平同學，你很會用菜刀嘛！」奈奈同學也嚇了一大跳。

「我只會削蘋果啦！因為爺爺每年都會送來堆成像小山的蘋果，經常幫忙削，自然就熟練了。」

原來如此！真是意想不到的技能。

奈奈和桔平同學削完蘋果，交給由宇和小唯，兩人小心翼翼的切成薄片。不愧是立志當廚師的人，由宇也很會用菜刀！

小唯其實也不遜色，只是由宇的速度比她快一倍，而且每片蘋果的厚度都一樣，簡直就像用尺量過。

「等我忙完這些，再來幫妳切。」由宇看起來非常開心的樣子，可以感受到她對食材的熱情。

哇……說不定由宇比蒼空同學更厲害？

我因為大家的厲害表現感到有點小挫敗時，砧板上面已經堆滿越來越多的蘋果片。另一邊，百合同學和蒼空同學也在由宇的對面切著派皮。因為沒有那麼多把菜刀，所以他們是用廚房專用的剪刀來剪派皮。

蒼空同學把派皮放在手上，劃出奇形怪狀的刀痕。

「你在做什麼？」百合同學好奇詢問。

「我在做變化。如果只是普通的蘋果派，爺爺一定不會滿意。」

蒼空同學真了不起！我好佩服。為風味下工夫對我們來說，或許有點難度，但如果要做成可愛的形狀，我們說不定可以辦到。

「哇！是星星的形狀！好可愛！」百合同學看到蒼空同學切的派皮，雙眼馬上閃閃發光。她興奮的說：「那我也要！」馬上動手在派皮上挖出愛心形狀。

「還可以做什麼形狀呢？對了！來做那個吧！」

啊！這種感覺真好！大家一起分工合作，氣氛和樂融融，我覺得原本跌到谷底的心情，正在一點一點的爬上來。

嗯！果然還是這種快樂的氣氛比較適合蒼空同學。

我也要加油！

砂糖和奶油的份量是否精準，會對味道造成很大的影響，我睜大雙眼，緊盯著上面的刻度，連一公克都不容馬虎。我告訴自己，這是個很重要的任務。

脩同學站在我旁邊，他把剪好的烘焙紙鋪在烤盤上。他會事先量好烤盤的大小，再把烘焙紙剪得剛剛好，展現他做事一絲不苟的性格。
我們分工合作，最後，大家一起用派皮把切好的蘋果包起來。

首先，把蘋果放在沒有劃刀痕的派皮表面，接著撒砂糖、放奶油，再蓋上劃有刀痕的派皮，把餡料包在裡面，再用手指或叉子壓緊邊緣。沒想到，最後這個步驟，竟然比我們想像的還要困難。因為裡面是滿滿的蘋果餡料，必須稍微拉一下蓋在上層的派皮，否則根本包不起來。太用力的話，一不小心派皮就會撐破！儘管如此，我們還是小心翼翼，想辦法把它們包好。

「把挖下來的派皮貼上去裝飾吧！」百合同學把剩下的心形派皮貼在自己做的蘋果派上面。

「我也要。」蒼空同學一邊貼上星星形狀的派皮，一邊得意的說：「這樣如何？」他接著把做成葉子形狀的派皮，也貼在挖空的派皮上。

「愛心和星星……還有蘋果的形狀，好可愛！真期待烤好的樣子！」看到整整齊齊，排在烤盤上的派皮，最喜歡可愛小物的奈奈和小唯難掩興奮的說。

「要開始烤了！」蒼空同學把烤盤放進預熱好的烤箱裡。

「接下來，就只剩下耐心等待了！」

「哇啊啊！完成了！真期待！」大家有說有笑的邊收拾邊等待。

食譜寫著二十到三十分鐘——這時，我留意到小唯正直勾勾的盯著烤箱看……啊，對了！

蒼空的藍天甜點教室

研發新商品！特製蘋果派

材料（四人份）

蘋果……一顆　奶油……十五克

砂糖……一小匙　冷凍派皮……兩片

1. 蘋果洗乾淨，削皮，去芯，切成0.3公分左右的薄片。
2. 冷凍派皮解凍，切成四等分。在四片切好的派皮上斜斜的各劃兩刀。再用叉子為剩下的四張派皮戳洞。
3. 把①的蘋果鋪在戳洞的派皮上。
4. 撒上一小匙的砂糖，再放上撕成小塊的奶油。
5. 蓋上劃出刀痕的派皮，壓緊邊緣，讓派皮密合。
6. 放進預熱至兩百度的烤箱裡，烤二十到三十分鐘，烤到底部也呈現出漂亮的焦色。

完成

只要繼續看下去，就能知道做得好吃的訣竅！大家一起來「驗證」吧！

※做料理時要先跟家裡的人報備喔！

「百合同學、奈奈同學。」我神祕兮兮的悄悄對她們招手，兩人湊近我身邊問道：「什麼事？」

我在她們耳邊說出我想到的點子，百合同學和奈奈同學的雙眼同時為之一亮，用力點頭。

過了二十分鐘後，蒼空同學打開烤箱。戴著隔熱手套的手，小心翼翼的取出烤盤，所有人的目光焦點都集中在烤盤上。

嗯……

率先開口的是由宇：「是不是……跟想像中的蘋果派有點不一樣？」

大家付出了努力，所以不太想承認失敗，但我還是疑惑的點頭附和。

桔平同學接著開口：「這個看起來軟趴趴的，沒有膨起來，『派』不是應該更酥脆一點嗎？」

「是啊……」蒼空同學念念有詞：「蓋在上面的派皮慘不忍睹！可是我們明明都照著食譜做啊？」

眾人紛紛點頭。

「吃吃看吧，說不定很好吃？」百合同學提議，大家都表示贊成。

這時，小唯有些侷促的小聲說：「我、我用看的就好……因為我對奶製品過敏，不能吃。」

我和其他人互看了一眼，點頭示意。

「這個給妳！」百合同學從小烤箱裡拿出一樣東西。裡面是用錫箔紙包起來的蘋果，那是剛才我和百合同學、奈奈同學一起準備的。

「哇！**烤蘋果！**」小唯的表情頓時煥發光彩。「謝謝妳們！」

我們把蘋果派和烤蘋果放在盤子上，大家一起拿起叉子。切下一小口，送入口中……

「還是不行，一點都不好吃。」脩同學毫不留情的批評。

我雖然沒說出口，但是也有同感，放進嘴裡的派皮一點也不酥脆，而且口感相當軟爛，**怎麼會這樣？**

13 進行驗證找出問題

正當所有人都無精打采，無法對這個結果提出反駁時，只見百合同學語帶遲疑的說：「會嗎？我覺得很好吃啊！」

「咦？」

所有人都轉身看向百合同學，一臉問號，難道百合同學的味覺跟大家不同嗎？

可是……我目不轉睛地盯著百合同學手上那個有愛心切口的蘋果

派，發現和我吃的蘋果派不太一樣。

「妳的派是一層一層的！」一旁的蒼空同學也緊盯著她的蘋果派，眉頭深鎖的說。

大家都聚集過來觀察百合同學的蘋果派，她的蘋果派確實在薄薄的派皮間形成空氣層，厚度也跟其他人做的不太一樣。

「我的就沒有。看，派皮全都黏在一起了。」蒼空同學看著自己的蘋果派，我也看了看自己的。嗯，我的派皮也全部黏在一起。

「嗯……派皮之間有空隙，所以才會變得酥脆嗎？」我的腦中突然閃過一道靈光。

「理花，妳想到什麼了？」蒼空同學轉頭問我。

「我認為東西吃起來會酥酥脆脆，是因為中間有空隙，我想起當初我們製作餅乾時，最後是利用小蘇打製造空隙，才會讓餅乾變得酥脆。」

「所以問題是出在製作的過程中，沒有加入小蘇打嗎？可是食譜的材料裡面，並沒有寫著需要小蘇打。」

我稍微想了一下，搖搖頭。「跟小蘇打沒關係，因為我們做的蘋果派和百合同學做的蘋果派都是相同的材料。」

「說的也是。」

我把手貼在下巴，注視著蘋果派，從頭開始思考。「我們做的蘋果派跟百合同學做的蘋果派……到底差在哪裡呢？」

我試著比較兩者的差異，腦海中浮現一些事情……驀地！我將一拳擊在另外一隻手的掌心裡。

「對了，**來驗證吧！**」

「咦？驗證？……什麼意思？」除了蒼空同學以外，其他人都一頭霧水……我這才反應過來。

啊！我露出平常的本性了。

這裡可不是實驗室，也不是只有蒼空同學和我！正當我感到尷尬，不知該如何是好時？脩同學出手相助了。

「原來如此，要進行『比較』的實驗啊！利用實驗，藉此找出金子同學做的蘋果派，和其他人做的蘋果派到底差在哪裡？」

「實驗？聽起來好好玩！」

得救了……所有人的注意力都放在脩同學身上，我鬆了一口氣。

蒼空同學一邊翻開食譜筆記，一邊說著：「要先畫表格，對吧？」

他在翻開的筆記本空白頁，各畫了一條直線和橫線，可是，畫完線之後……就沒有動作了。

「接下來……」他悄悄的對我投以求救的視線。

啊！平常都是我在畫表格，突然要他接手，他也不知道該怎麼做吧？

「你想要比較大家和百合同學的作法差異對吧？」我順水推舟的說下去，蒼空同學又畫了一條橫線，做成兩列的表格，上面一列寫下「大家」，下面一列寫下「百合」。

「再來依照製作的順序，檢查有什麼差別？」

蒼空同學點頭，將筆記本翻到食譜的那一頁。

「一共有六個步驟。①切蘋果、②切派皮、③把蘋果放在派皮上、④放上砂糖和奶油、⑤用派皮包起來、⑥烘烤。」

蒼空同學正要在表格裡寫下步驟時，原本一直瞪著表格的脩同學突然插嘴：「等一下！」

「怎麼了？」蒼空同學停下動作。

「因為大家是分工合作，很難將所有人的步驟都進行比較，而且金子同學沒做的事，也沒辦法跟大家一起比較。」脩同學提出他的疑問。

「沒錯！」我認為他說的很有道理。

只有百合同學做出成功的蘋果派，其他人都失敗了，也就是說——

「只要檢查百合同學做的步驟，或許就能夠知道問題出在哪裡？」

原來如此，大家點頭如搗蒜。

「我想想……」百合同學負責的是……我閉上雙眼，試圖喚醒記憶，回想剛才的製作過程。「切派皮！」對了，百合同學興高采烈的將派皮切出愛心開口，當時與她一起做事的是蒼空同學……腦中突然閃過一個可能性！

這時，脩同學也同步說出他的想法：「也就是說，問題可能出在跟她一起切派皮的廣瀨身上。」

我嚇了一大跳，**結論怎麼會變成這樣？**

蒼空同學聽了很不高興。「什麼？怎麼可能！」

兩人又開始針鋒相對！哇啊啊，脩同學，拜託拜託，別跟蒼空同學吵架！我連忙打圓場：「蒼、蒼空同學，先試試看。試試看就知道差在哪裡了！」

蒼空同學「哼」的一聲，以挑釁的眼神瞪著脩同學。

「……我知道了，那我們就來證明我是冤枉的！」

怎麼有股不祥的預感？萬一像上次自由研究那樣，兩個人又吵起來怎麼辦？我提心吊膽的在一旁看著。

桔平同學卻放聲哈哈大笑：「脩，你好有趣！從來沒有人敢這樣對蒼空說話！」

百合同學和奈奈、小唯，三個人也都噗哧一笑，齊聲說：「對呀！」

只有一個人欲言又止，瞪著脩同學，那就是由宇……咦？自從由宇把脩同學拖進廚房，人就變得怪怪的……他們到底說了什麼？

14 — 意外的提示

正當我覺得由宇很奇怪時，由宇開口說：「人家肚子餓了！不管是早餐還是午餐都沒有吃，剛才的蘋果派也失敗了……」

我們看了一眼時鐘，快三點了。哇，沒想到時間已經這麼晚？

「睡懶覺的人還好意思抱怨！這裡有蘋果，先吃一點吧！」因為被脩同學懷疑是失敗的原因，蒼空同學一臉的不高興。

「這些不夠啦！人家正在發育呢！」由宇說完，便打開廚房的櫃子，

拿出吐司，什麼也沒抹，就大口咬下，轉眼間就吃掉一片吐司。

「真好吃！」由宇吃東西的樣子意外的豪邁，令我大吃一驚！

桔平同學也在一旁呻吟：「我也餓了……我也還沒吃午餐。」

「那桔平也來一片吧？」蒼空同學說。

「可以嗎？」

蒼空同學將吐司遞給桔平同學，桔平同學將吐司對折，張開嘴巴，咬下一大口，然後又在旁邊也咬下一口，只見吐司的邊緣，有兩個印上牙齒形狀的洞。

「眼鏡！」

桔平同學的大眼睛出現在洞裡。

「你、你在做什麼啊？」大家都捧腹大笑。因為失敗而變得緊張的氣氛一掃而空，不愧是桔平同學。

我也忍不住笑了。

咦？好像有什麼東西勾住我的注意力。

「那就繼續驗證吧——剛才討論到哪裡？」蒼空同學問道。

「討論到你很可疑。」脩同學據實回答，兩人又開始鬥嘴。

我留意觀察桔平同學咬過的吐司，再看看蒼空同學做的蘋果派，上面有蘋果形狀的開口……我懂了！

「蒼空同學和百合同學的開口形狀不一樣！」我喊了起來！

聽到我這麼說，大家都轉頭看著蘋果派。星星和愛心，還有蘋果的形狀……其中只有百合同學做的心形蘋果派成功了！

「難不成原因出在開口的形狀？」

「咦？怎麼可能……」

奈奈同學說：「可是……如果這麼說，這個星星和蘋果的形狀也不一樣，而且我的心形蘋果派也失敗了。」

仔細一看，奈奈同學面前的蘋果派也沒膨起來。

「我的也是愛心！」小唯同學附議。

這麼說來，我的蘋果派也是愛心。所以跟開口的形狀無關嗎？我的腦中一片混亂。

碰到這種狀況，最好還是畫成表格加以整理，才能一眼看出端倪。我將蒼空同學畫的表格拿了過來，上面的項目只有「大家」和「百合」，光是這樣應該還不夠。

我擦掉最上面的「大家」，改成「百合」、「蒼空」、「脩」、「桔平」、「奈奈」、「小唯」、「由宇」、「理花」，寫下所有人的名字之後，然後在旁邊再增加一列，寫下派皮開口的形狀，分別是：「愛心」、「蘋果」、「星星」、「星星」、「愛心」、「愛心」、「蘋果」、

「愛心」。

最後，在開口的旁邊標註派皮有沒有膨起來，結果分別是：「成功」、「失敗」、「失敗」、「失敗」、「失敗」、「失敗」、「失敗」、「失敗」。

我仔細審視表格，思考著該怎麼驗證才好？因為進行「比較」的時候，除了需要比較的項目，其它的條件必須盡可能維持一致。

「我想到了，這次盡量做成同一種形狀的開口來比較看看，不就好了嗎？」蒼空同學提議，我也贊成這麼做。

「如果問題是出在開口的形狀，只要都改成百合同學剛才做的愛心，如果成功，就表示問題出在開口的形狀。萬一還是失敗，就表示問題跟開口無關。」聽我這麼說，大家都點點頭。

「只有金子同學的蘋果派成功了，所以她應該就是『成功』的關鍵，因此只要讓金子同學和其他人都把蘋果派做成愛心的開口就好了。先由最可疑的廣瀨開始，如果這樣還看不出結果，再比較金子同學和其他人做的派。」脩同學說道。

有道理，這麼一來，確實比較容易看出原因。

「你說的每一句話都讓人討厭！」蒼空同學說是這麼說，但還是聽話去洗手了，回來之後，他說：「開始吧！」他開始為蘋果削皮、切成薄片，百合同學也同樣削皮、切蘋果。

「不能分工合作的話，要花好多時間啊……感覺跟蘋果好像沒什麼關係，我們不能幫忙切蘋果嗎？」桔平同學這麼說。

可是，如果有人幫忙，就不容易釐清問題出在哪裡了？

「必須弄清楚原因，所以，蒼空同學，靠你了！」我鼓勵著他，蒼空同學馬上說：「我明白。」

蒼空同學和百合同學接著為派皮切出開口，我專心的注視著他們手中的動作。

「愛心啊……做成蘋果形狀的商品不是比較吸引人嗎？」蒼空同學

有些不滿的拿起派皮，用廚房專用的剪刀將派皮剪開。百合同學也跟他剪成一樣的開口，兩人的手都很靈巧，所以形狀也大致相同。

「咦？」

我凝視著派皮，眨了眨眼睛……蒼空同學剪的愛心開口，和百合同學剪的愛心比起來，蒼空同學手上的派皮好像稍微軟一點，可是他們剪的方法應該都一樣。難道是我的錯覺嗎？

可是……總覺得這裡頭似乎有什麼線索，不過，蒼空同學跟百合同學已經進入下一個步驟了，所以我先暫時放下這個問號，繼續觀察他們的製作過程。

「接著放上蘋果，然後撒上砂糖和奶油！」

這兩個步驟很簡單，再來，只要包起來放進烤箱即可。只見他們蓋上有開口的派皮，把蘋果包在裡面，將上下兩片派皮仔細壓緊。整個過程十分順利，接下來，只要等蘋果派烤好。

「嗯……沒有差別吧？」

大家都點頭同意，但我對剛才剪愛心時，發現派皮軟硬似乎不同有點介意……沒多久，廚房裡充滿香味，烤箱發出「叮」的一聲，烤好了！

蒼空同學拿出蘋果派，整個人動彈不得。

「咦？怎麼會這樣？」

倏同學從後面探頭望向烤盤，露出驚訝的表情。「真的是廣瀨的問題？為什麼呢？」

烤盤上面並排的四個蘋果派，只有百合同學做的派烤得膨膨的，看起來很好吃的樣子。

15 溫暖的手與冰涼的手

「我無法接受！」蒼空同學氣得臉都歪了。

「面對現實吧！怎麼看都是你的錯。」聽到脩同學的指控，蒼空同學更生氣了。

「才不是呢！」

我緊盯著筆記本，不停思考，但思緒整合不起來。唉……真是的，現在可不是吵架的時候，成功才是我們的目的，互相指責是誰的錯，一

點意義都沒有。

「你們不要吵了！不能老是把出錯的原因歸咎到誰身上，而是必須思考到底是哪個環節出錯，才能想辦法改善。」我忍不住對脩同學和蒼空同學說出重話。

「啊！也是。」兩人同時停止爭吵。

咦？

我驚訝的抬起頭，只見蒼空同學和脩同學都用認錯的表情看著我……

哇！我剛才是不是出聲糾正他們了？都怪我太專心思考，不小心就脫口而出了！

「為什麼蒼空和脩都願意聽佐佐木說的話？」桔平同學不解的說：「再說，蒼空和佐佐木的感情怎麼這麼好？每次提到實驗時，簡直是一搭一唱。」

哇！再這樣下去，他又要取笑我們了！我嚇出一身冷汗。

百合同學把話題拉回來：「現在不是討論這個的時候吧？」

「啊！說的也是。」百合同學說話很有氣勢，桔平同學嚇得趕緊把話吞回去。

呼！我鬆了一口氣。

「可是……到底是為什麼？」百合同學自己也感到莫名其妙。「我並沒有做什麼特別的事啊！」

「妳是不是用了什麼魔法？」奈奈同學說。

我也這麼覺得，因為這實在太不可思議了。明明整個過程中，沒有任何的差別，不過……那股不對勁的感覺突然湧上心頭。

「派皮……」

「派皮怎麼了？」蒼空同學問我。

我看著柔軟的派皮，好像明白了什麼，但其實什麼也不明白。

「嗯……總之先來嚐嚐成功的蘋果派吧！趁熱比較好吃。」

「我來幫忙切！」百合同學握起刀子，將它切成剛剛好的數量，每個人都可以吃得到。雖然只有一小塊，但熱呼呼的蘋果派甜而不膩，嚐得到蘋果原本的清爽風味，真是好吃極了！

「好好吃啊！這顆蘋果跟之前的不一樣，雖然比較酸，但是經過烘烤之後，反而突顯出甜味，非常適合做成甜點！」桔平同學露出驚豔的表情，整個人笑逐顏開。

「五十嵐對蘋果很有研究吧？蘋果大概有幾種呢？」脩同學充滿興趣的發問，我心想，他果然是會選擇植物做自由研究的人。

因為這是桔平同學擅長的領域，他眉飛色舞的回答：「光是日本國內就有很多品種，我記得約兩千種，全世界加起來多達一萬五千種。」

「這麼多？好驚人啊！」脩同學大吃一驚。

「嗯！不過日本現在幾乎沒有進口外國的蘋果。」

「為什麼？」

「因為不能讓病蟲害傳進來，所以需要嚴格的管制，目前只能買得到產自紐西蘭的蘋果。」

原來是這樣啊？真是有意思，我專心聽得入神。

「言歸正傳……如果只有百合能做，就無法在店裡賣了……」奈奈同學喃喃自語，大家也跟著點頭。

這下問題來了，除非百合同學變成Patisserie Fleur的員工，否則就無法在店裡推出她做的蘋果派。

「得找出問題的癥結點才行。」我不想就這麼放棄。

因為蒼空同學明天就不在了。如果不能在今天之內解決這個問題，蒼空同學一定無法笑著踏上旅途。

想到這件事，我不由得又一陣鼻酸……連忙轉移心情，努力打起精神對大家說明。

「總之，我們再驗證一次吧！這次換別人做，說不定就能證明不是蒼空同學的問題了。」

「這次換脩來做！」蒼空同學口氣很不滿，有點意氣用事的說。

「那我先來幫忙收拾一下，已經沒有乾淨的器具了。」百合同學站了起來。

由宇阻止她：「讓我們來吧！妳一直做事，肯定很累了。」

沒想到由宇也有這麼體貼的一面？我有點意外的看著她，由宇感受到我的目光，先愣了一下，接著像是找藉口搪塞似的解釋：「因為人家很擅長洗碗嘛！想當廚師的人，都得先從練習洗碗開始。」

「由宇想當廚師啊！已經開始練習了嗎？」百合同學佩服不已，露出讚嘆的表情，由宇有些害羞的別開臉。

「還好啦……說是練習，其實只是跟爸爸一起做很多東西。」

「真了不起，這麼說來，妳剛才切蘋果的時候也好厲害。」

「沒、沒什麼啦。」

咦，由宇的態度好像沒那麼尖銳了？我也站起來想幫忙。

「百合同學，這些東西就由我們來洗，妳休息一下。」我正要接過百合同學手中的碗盤時，碰到她的手……啊！百合同學的手小小的，好可愛，而且冰冰涼涼的，好舒服……

我發現這件事的同時，突然想到——之前蒼空同學對我說「我們是最佳拍檔」時，也曾經握過我的手。記憶中，蒼空同學的手大大的，而且很溫暖……

想到這裡，我好像被雷打到。

「我好像明白了！」我忍不住握住百合同學的手，然後要蒼空同學把手伸出來，也握住他的手。

「咦？」

顧不了嚇得目瞪口呆的蒼空同學，我大聲揭曉答案：「果然沒錯！蒼空同學的手比百合同學暖和！」

「手？」

我正要向大家說明，發現所有人都一臉呆滯的看著我。

啊！

我、我居然……當著大家的面，**牽了蒼空同學的手!?** 我連忙鬆開他的手，把自己的手藏到身後。

我做了什麼好事？剛才的事……能不能當做沒發生過啊？

「呃……那個，剛才那是什麼意思？」蒼空同學有些臉紅的問著我。

「可、可能是……因為百合同學的手特別冷。」我有點結巴，趁勢抓住剛好在我旁邊的由宇，把由宇的手放在百合同學的手上面。

這下換由宇嚇了一大跳，整個人往後彈開。對著我大叫：「哇！妳到底想做什麼！」

我不理她的抱怨，緊迫盯人的問道：「是不是很冷？」

「只有一下下！我怎麼知道？」

「是嗎？那就再摸一下？」百合同學大大方方的伸出手，由宇頓時面紅耳赤，不知所措。

看到由宇的反應，百合同學有些不解的側著頭。我也覺得這有點不像由宇，但也只是一瞬間，現在可不是分心的時候！

「脩同學也摸摸看！」急於驗證的我，又緊接著抓住脩同學的手，讓他握住蒼空同學的手。

「理花同學！放手！妳瘋了嗎？」

「媽呀！理花，快放開我！」

脩同學被我逼著抓住蒼空同學的手，露出滿臉雞皮疙瘩掉滿地的表情。蒼空同學也好不到哪裡去，他一把甩開脩同學的手，開始洗手。脩同學也不甘示弱，用肥皂泡沫仔細的清洗每一根手指。

場面陷入一片混亂，我逐漸冷靜下來。總、總而言之，大家應該知道握手是為了實驗吧？

「那、那個……我懷疑是不是跟手的溫度，也就是派皮的溫度有關！」我喊了起來！

「原來如此。」每個人的臉上開始浮現出驚訝與理解的表情，那是確信「溫度」就是問題關鍵的共同默契。

「那該怎麼辦才好呢？難道說手的溫度太高的人，就當不成甜點師傅了嗎？」

「沒這回事啦！是百合比較特別，因為除了百合以外，其他人不是都失敗了嗎？」桔平同學笑著說。

「只要讓手變得跟金子同學一樣冷不就好了嗎？」脩同學伸出因為洗得太過頭，而變得紅通通的手說道。「如果像現在這樣，一定能成功。」脩同學握住我的手，他的手很冰涼。

原、原來如此……想是這麼想，但我心裡小鹿亂撞。脩同學他……為、為什麼要抓住我的手？我心慌意亂的抽回自己的手。

「那就再試一次吧！這次一定要成功！」蒼空同學發下豪語，我們也都贊成！

16 為農家打氣的蘋果派

這一次，在製作之前，蒼空同學先用清水冷卻了雙手，然後才拿起派皮，將它劃出切口。

接下來，所有的步驟都跟之前一樣，然後將派放入預熱好的烤箱，等到蘋果派烤好，從烤箱取出來時，蒼空同學非常緊張的樣子，所有人的視線都集中在烤盤上。

「太好了。」

蒼空同學喃喃自語，笑意在大家臉上傳染開來。

蘋果派的派皮變得酥脆了！

「成功了！」

蒼空同學捧著烤盤，衝向烘焙坊。對著正在裡頭工作的爺爺說：「爺爺，可以請您吃一下這個嗎？」

「哦？蘋果派啊！這次走的是正統路線呢！」爺爺目不轉睛的盯著蘋果派。

「這次使用的是冷凍派皮，如果改用Patisserie Fleur的派皮，一定能烤得更好吃……您覺得如何？」

「我嚐嚐。」爺爺咬下一口，閉著雙眼，似乎在懷念什麼的細細品嚐著。爺爺吃完之後並沒有馬上發表感想，而是先問道：「你們打算取什麼名字呢？甜點需要概念，否則就只是到處都有的普通蘋果派。不過，如果是我做的蘋果派，肯定一點也不普通就是了。」

名字？

大家陷入沉默，開始思考這個問題。不一會兒，百合同學提議：「既然是為了幫助桔平同學爺爺家的果園，那就叫『為農家打氣的蘋果派』如何？」

「聽起來很棒！」所有人都表示贊成，不愧是百合同學！

「再來只要對開口再下點工夫，就能做得更吸睛了。」

「像是蘋果的形狀！」

「這家店叫作 Patisserie Fleur，做成花的形狀或許也不錯。」

「說的也是！」大家七嘴八舌的提出意見，爺爺莞爾一笑。

「那就決定是『Patisserie Fleur 特製．為農家打氣的蘋果派』吧！

桔平同學，可以請你打電話給爺爺，說我們要跟他買蘋果嗎？」

「哇啊啊啊，太棒了！」

大家都高興得要飛上天了。

爺爺站起身，叫來葉大哥，對著他說：「可以麻煩你依照這個點子，接手幫忙做嗎？」

「好的……啊！如果要為農家打氣，加入一點蘋果皮或許也不錯呢！顏色會變得很鮮豔，也不會浪費材料。」

「這部分就交給你拿主意了。」

眼看就快要成功了！我的心臟怦怦狂跳。哇啊啊，好開心！大家都樂得手舞足蹈。

「太好了，理花！」

「嗯！」

「都是理花同學的功勞！妳好厲害！」

「理花同學，妳好像偵探啊！理化偵探！」奈奈同學和小唯同學都看著我，雙眼閃閃發光。

「沒、沒有啦……是**大家一起努力的成果**！」我被讚美得都不好意思了。

突然間，我感覺有人在看我，我看過去，視線對上站在我前面的由宇。由宇連忙撇開視線，反而是我嚇了一跳。因為之前一直存在，咄咄逼人的明顯敵意，好像突然消失了。

蒼空同學對著別開臉的由宇說：「由宇也覺得理花很厲害吧？沒錯！就像這樣，她幫了我很多忙！」

「才、才沒有！我一點也不覺得！」由宇還是老樣子，回答得很不客氣，蒼空同學有些無奈的嘆了一口氣。

唉……還以為她對我沒有敵意了，大概是我的錯覺吧？原本以為一起做過實驗，我們的關係會有所改善，我有點失望。

沒想到，一旁的百合同學也對著由宇，一臉嚴肅的說：「如果妳也覺得理花同學很厲害的話，最好老實說喔！」

「咦……」由宇露出錯愕的表情。

我也感到不可置信，啊！難道是百合同學看出我的失落，刻意出頭替我說話？

「百、百合同學，沒關係啦！這真的沒什麼大不了的！」

我失落是因為由宇還是不喜歡我！

「可是，如果不是理花同學，大概就做不出成功的蘋果派了。我覺得妳可以更有自信一點！」

百合同學不打算退讓，目光炯炯地持續盯著由宇看，由宇被她看得滿臉通紅。

過了好一會兒，由宇大概是認輸了，小聲的說：「呃……妳確實……很厲害……」

這下子換我愣住了。

她居然願意開口稱讚我？我簡直不敢相信自己的耳朵，蒼空同學也有些意外的看著由宇。

「啊……可是！只有一點點就是了！」由宇又補了一句。

蒼空同學看著狼狽的由宇，噗哧一笑。

「太好啦！看來大家都變成好朋友了。這麼一來，就算我不在也沒有關係。」

這句話無疑是對興奮的我，潑了一桶冷水……瞬間讓我想起來，這是最後一次實驗，蒼空同學真的要走了。

蒼空同學用溫柔的語氣對我說：「理花，接下來就拜託妳了。」然後笑著告訴大家：「我不在的時候，希望大家也能多幫幫葉大哥。」

「包在我身上！我會把所有的皮都削掉！」桔平同學拍胸脯保證。

「等等！葉大哥說皮也要用到，你到底有沒有在聽？」脩同學立刻挑出桔平同學的語病。

「我們也想幫忙！」奈奈同學和小唯同學一起舉手大聲回應。

只有百合同學憂心忡忡的看著我，小聲的說：「理花同學，妳還好嗎？妳看起來快哭了。」

為什麼大家都能笑著送蒼空同學離開？我也很想笑著歡送他，但我實在太難過了，難過得控制不了自己。

不過，既然是蒼空同學的請求，我當然不可能拒絕。無論如何，我都想助他一臂之力。

我用力地握緊拳頭。忍住眼淚，露出笑容。

「好的，交給我吧！蒼空同學也要加油喔！」

17 慶祝會與送別會

實驗成功，大家決定開一場蘋果派慶祝會。再一次合作動手做蘋果派，然後一起享用。成功做出來的派皮又酥又脆，與蘋果清爽的口感、奶油的香氣十分對味，真的超級好吃，我好感動！

「好好吃！根本可以直接拿來賣了嘛！」

「不行，畢竟我們這是用冷凍派皮做的。在家裡做的派皮，和專業做的派皮可是差很多喔！葉大哥肯定能做出更美味的派皮！」蒼空同學端來紅茶，自己也在桌子前坐下。

因為爺爺在忙著準備出國的事，所以請葉大哥幫忙想蘋果派的作法，他正在廚房裡面思考各種方案。

可是，我有點擔心，爺爺和蒼空同學去法國，他一個人要打理整間店，還得製作新商品的蘋果派，這樣忙得過來嗎？看來，我們真的需要努力協助葉大哥了。

大家吃完蘋果派後，開始收拾。客廳只剩下蒼空同學、由宇和我。

就連慢條斯理品嚐味道的我，也把最後一口放進嘴裡，正打算站起來的時候，突然——

「嗯？」由宇側著頭，念念有詞，她的面前還剩下一半的蘋果派。

怎麼了？不好吃嗎？我不禁感到疑惑。

「怎麼啦？」蒼空同學問道。

「沒什麼，我只是覺得……以前好像也曾經坐在這裡，津津有味的吃著類似的甜點。」

「在這裡？可是這個蘋果派是第一次做吧？」

「所以我才覺得很奇怪啊……啊！原來如此。」

「想到什麼了嗎？」

「是生日啦！蒼空，奶奶的生日！」

「咦？奶奶的生日？也就是說……」蒼空同學望向我這邊，我也不由得瞪大了雙眼。

「夢幻甜點！」我們兩個同時喊了起來！

可是話才剛說出口，蒼空同學就馬上搖搖頭。

「不可能是這麼普通的甜點吧？如果是這種蘋果派，我也不會認為是『夢幻甜點』。」

「可是真的很像喔！」

「……也就是說，是用蘋果做的甜點？」耳邊傳來低沉的嗓音，我望向聲音的來處，見到從廚房探出頭來的葉大哥，他的眼睛一眨也不眨的看著由宇和蒼空同學。

葉大哥的嘴角掛著與平常無異的笑容，可是他的眼神看起來卻是前所未有的認真，看得我暗自心驚。

「那道甜點很像蘋果派？還是蘋果塔？」葉大哥的語氣聽起來咄咄逼人，我感到有點喘不過氣。

明明是很正常的問題，而且被問的人也不是我，為什麼我會產生這樣的感覺呢？

對了，這跟葉大哥昨天的樣子一模一樣。我記得他是說「世界上獨一無二，傳說中的甜點」，也就是葉大哥的爺爺想做的甜點……

咦？

蒼空同學想做的是「夢幻甜點」，葉大哥想做的是「傳說中的甜點」，是不是大同小異？我的胸口突然掀起一陣騷動。當時沒放在心上……但是現在卻十分在意。

「嗯……我也不知道。」由宇只想了一下就放棄。

「別放棄，再仔細想想嘛！」

「那是小時候的事情！再說，你不也忘了嗎！」由宇嘟著嘴說。

蒼空同學和葉大哥都遺憾的嘆了一口氣。「既然如此，那也沒辦法。」

我偷偷的看了葉大哥一眼，內心不由得大吃一驚，因為……葉大哥的眼神十分陰鬱，像是暗自下了某種決心。

等到收拾告一段落，客廳變得一塵不染，歡送派對也畫下句點。大家七嘴八舌的在爺爺家門口與蒼空同學道別

「蒼空同學，你要努力學習喔！」

「記得要帶禮物回來啊！」

終於結束了！這下子真的要說再見了。

正當我感到意志消沉時，背後傳來聲音。

「那個……理花……同學。」回頭一看，是由宇！她在跟我說話嗎？

「妳……找我？」

見我露出不可置信的表情，由宇也一臉尷尬，扭扭捏捏的開口。

「呃……那個、那個啊……」就在這個時候，走遠的百合同學轉身喊道：「理花同學，妳不回家嗎？」

由宇轉頭看見百合同學正往我們走來，頓時一臉驚慌，閉上了嘴。

「由宇，妳找我有什麼事嗎？」但我遲遲等不到回答。耳邊《七個孩子》的鐘聲響起，由宇吐出一口大氣，揉亂了自己柔順的頭髮。

「算了！沒事，抱歉！」由宇只丟下這句話，就頭也不回的走進蒼空同學的爺爺家了。

百合同學看著她的背影，不解的說：「由宇好像怪怪的？」

我也有同感。

18 出國一路順風

第二天，是連假的最後一天，也是蒼空同學要出發去法國的日子。

我知道我一定會哭，所以不想去送行。但又很想見他一面，親口對他說一路順風，加油！

聽說他是搭中午的班機，所以我一大早就去Patisserie Fleur。我從門口往裡面張望，發現蒼空同學和爺爺正在店內跟葉大哥說話。大概是在討論他們去法國的期間，要怎麼安排人手吧？我不以為意，隔著蛋糕櫃看著葉大哥。

只見葉大哥的雙手背在身後，手裡握著某樣東西，似乎不想讓蒼空同學和爺爺發現……

那是一本咖啡色封面的書，咦……我好像看過那本書？

我還在思索是在什麼時候看過時，車子已經在外面按喇叭了。蒼空同學和爺爺聽到喇叭聲，從後門走出來。

我連忙走向蒼空同學，我是專程來道別的，千萬不能錯過！我見到蒼空同學正要坐進停在店門口的計程車，後車廂裡塞著兩大箱行李。大概是行李太多了，所以才搭計程車去車站。

「蒼空同學！」我大聲呼喚他，蒼空同學回過頭來。

「理花？」

不要走！我內心其實是這樣想的，這句話也差點要衝出喉嚨！可是——我已經決定了！我要對他說：「一路順風！」一旦說出口，真的就是最後一面，蒼空同學就要離開我，我們再也見不到面了……

即便如此，我還是努力在臉上堆滿笑容，對他說出那句：

「一路順風。」

這一切……都是為了蒼空同學的未來，我努力的不讓聲音帶著哭腔，蒼空同學笑著對我點頭。

「我會努力的。」

「總有一天——要請我吃夢幻甜點喔！」我大喊！

蒼空同學擺出勝利姿勢的同時，車門關上了。計程車絕塵而去，蒼空同學的笑容離我越來越遠……

當計程車從我的視線範圍消失時，我無力地蹲在地上，淚水再也忍不住的奪眶而出，甚至弄溼了衣服。

「理花同學，妳沒事吧？」聲音從頭上傳來，我大驚失色，抬頭一看，葉大哥不曉得什麼時候站在我身邊？

「葉大哥——」

蒼空同學走了……我好傷心，本來想跟他聊幾句，希望得到一點安慰，但我注意到葉大哥捧在胸前的書——

咦？那本書……

那本封面寫著「Journal」的書，是爺爺的心肝寶貝，是裡頭寫著「夢幻甜點」作法的日記。

爺爺視若珍寶，撫摸那本書的畫面歷歷在目……那本書怎麼會在葉大哥手上，應該是由蒼空同學他們帶去法國才對啊？

這到底是怎麼一回事？

我全身的寒毛都豎起來了。

「理花同學，妳怎麼了？」葉大哥笑容可掬的看著我，跟平常的葉大哥一模一樣……

是不是有什麼誤會？這本書其實是爺爺借給葉大哥，或是送給他？但如果是這樣的話，他剛才為什麼要藏起來？爺爺那麼重視這本日記，怎麼可能送給葉大哥？

見我兩眼發直地盯著日記看，葉大哥語氣平穩的說：「哦？妳也知道這個嗎？」感覺他跟平常一樣冷靜，但提到日記的時候，聲音有點奇怪。總覺得……哪裡不對勁？

「那個……葉大哥，這本日記怎麼會在你的手上？」我忐忑不安的提問，葉大哥笑而不答，旋即轉身背對著我，一聲不吭地朝車站走去。

我嚇得臉色大變！不禁喊了起來：「葉大哥？你要去哪裡？」

葉大哥回過頭，慢慢的說道：「老實告訴妳吧！我啊……只要有這個，就沒必要再待在這裡了。」葉大哥緊緊的將日記捧在懷裡，輕輕撫摸封底。然後對著我說：「理花同學，這段時間謝謝妳的照顧，再見。」

再見？

我完全聽不懂他在說什麼。不一會兒，葉大哥就快步走過轉角，完全不見人影，我這才終於理解這句話的意思。

不只蒼空同學和爺爺，就連葉大哥也跟我說「再見」？

這下子，Patisserie Fleur 該怎麼辦？

我動彈不得，站在空無一人的 Patisserie Fleur 門前。

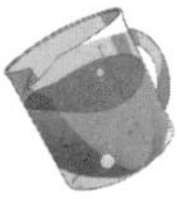

後記

大家好！感謝收看《理科少女的料理實驗室》第四集！

不知道大家看得還滿意嗎？

這集的劇情實在是超展開，（對不起！）因為是過去從未寫過的沉重劇情，我還問責任編輯：「寫成這樣，真的不要緊嗎？」（苦笑）。

陷入驚濤駭浪的理花與蒼空，還有Patisserie Fleur的命運將如何發展呢？

請先看後面的特別篇──「為你加油」，緩和冷靜一下心情，然後耐心等待緊張刺激的續集。

非常感謝nanao老師、各位編輯、校對、設計師等，參與製作這本書的所有人，感謝你們每次都把我的書做得很漂亮！然後是拿起這本書的各位！歡迎透過社群或官方臉書發表你們的感想！

山本　史

特別篇

為你加油

燦爛耀眼的陽光把地面烤得發燙，感覺像是要升起裊裊的熱氣，頭上的晴空也藍得看不見一片雲。

在蒸騰的熱氣中，只見蒼空同學穿著一身雪白的制服，帥氣的站在投手丘上。

我對棒球完全沒有概念，但是媽媽非常熱愛棒球，也很了解規則。我記得媽媽說過，投手有時候會決定比賽的勝負。

現在坐在我旁邊的媽媽，正以嚴肅的表情自言自語：「陷入最大的危機了……蒼空同學，要撐住啊！」

最後一局的下半局，由對方球隊展開攻勢。我望向媽媽手指的方向，計分板的比數，目前是兩人出局、兩好三壞的滿球數狀態。而且從一壘到三壘都有跑者，聽說這便是面臨「再見安打」的重大危機。

「蒼空同學，加油！」我喃喃自語，雙手交握在胸前，向上天祈禱。

昨天放學時，班上的女生邊走邊大聲討論，我聽到她們的對話內容。

「蒼空同學的球隊明天好像有比賽？」

「咦？在哪裡？我想去看！」

聽到這裡，我也忍不住豎起耳朵，想要知道在哪裡？其實，我只要直接問蒼空同學就好了。但是，如果在學校找他說話會非常引人注目，所以我不敢輕舉妄動。

知道了！我從大家的討論中，拼湊到比賽的資訊。早上十點開始，在社區公園的球場。如果是在社區公園，騎腳踏車只要十分鐘左右就到了。好期待啊！希望明天快點到來。

在製作甜點的空檔時間，蒼空同學經常會練習揮棒，所以我知道他在打棒球，但我從未親眼看過他比賽。

聽說他的球技非常好，所以我也好想見識一下。問題是——

「蒼空同學，我們會去看比賽，要加油喔！」

在女生的包圍下，蒼空同學總是笑嘻嘻的說：「謝啦！」

唉……蒼空同學大概完全不曉得那些女生的心意吧……

「蒼空同學還是那麼遲鈍。」

啊！是誰把我心裡想的話講出來了。我大吃一驚！轉過頭去，原來是百合同學，她露出一臉被蒼空同學打敗的樣子，然後看了我一眼，對著我說：「理花同學，妳不想去看比賽嗎？」

我想去！我真的很想去！可是……我看了看包圍在蒼空同學身邊的女同學們，實在提不起勇氣加入。那種感覺就像是要在大排長龍的遊樂設施前插隊，光想像就覺得很恐怖。說不定還來不及插隊，就會有人跑來質問我：「理花為什麼排在這裡？」

可是，可是我好想去啊……

想到這裡，百合同學主動說：「要是我能陪妳一起去就好了，可惜我明天有事……啊！不然妳假裝剛好經過，如何？」百合同學笑得有些幸災樂禍。

啊……**又來了！**百合同學以為我喜歡蒼空同學。哎呀！都說是誤會了！我是覺得他很帥啦……咦？我為什麼會覺得蒼空同學很帥呢？

我在記憶裡翻箱倒櫃，想起一件令我印象深刻的事。

那是小學三年級的事，當時，我還沒有和蒼空同學同班，所以不太清楚蒼空同學的「英雄事蹟」。但我經常聽到他的名字，因為絕大多數的女生在討論喜歡誰的話題時，都會提到他，所以我一直很好奇蒼空同學到底是何方神聖，但也僅止於此。

然而，我對他的印象在運動會接力賽的那一天，產生了一百八十度的轉變。

運動會接力賽分成高年級和低年級，各年級再細分為紅白組，紅組派出紅帽隊和紅巾隊、白組派出白帽隊和白巾隊。由各班選出一個跑得快的男生和一個跑得快的女生共同組隊，我們班派出的是桔平同學和奈奈同學，兩人都是白帽隊。

另一班派出蒼空同學，屬於紅巾隊。

我是白組的人，所以和蒼空同學是對立陣營。

因為三年級是低年級的最後一棒，所以桔平同學和蒼空同學都是負責最後一棒的選手。

「哇！聽說紅組的最後一棒是廣瀨！」

「真假？蒼空同學嗎？」

「那傢伙不只長得帥，跑得也很快喔！」

聽到這樣的竊竊私語，我也下意識的尋找最後一棒，想看清楚蒼空同學到底是什麼樣的人？當時的第一印象，覺得他五官端正、看起來很受歡迎的樣子。

記得那場比賽，最後勝負膠著，過程中還發生接力棒掉落地上的混亂場面，雙方的啦啦隊都非常激動。

轉眼之間，接力棒已經傳到三年級的手上。三年級的選手必須負責跑操場一圈，所以特別辛苦。

我看到奈奈同學憑著踢足球鍛鍊出來的飛毛腿，慢慢追上前面的人！真的佩服得五體投地。

綁著紅頭巾的蒼空同學是第一個接過接力棒的人，戴著白帽的奈奈同學也幾乎在同一時間把接力棒傳給桔平同學。

「接力棒交給最後一位了！」廣播傳來消息時，全場歡聲雷動，觀眾席發出整齊的「加油」聲！只見場上的選手全部都以飛快的速度奔跑，轉彎的時候幾乎排成一列，完全看不出來誰跑得比較快。

可是，就在緊張萬分時，其中一位選手——戴著紅帽的同學失去平衡摔倒了！結果跟他一起並肩跑的蒼空同學也受到牽連，同時摔倒在地。

發生這個意外的瞬間，正好就在我的位置前方。

我看到桔平同學和另一名選手受到驚嚇，稍微放慢了速度，但立刻又朝向終點狂奔。此刻，為白隊加油的歡呼聲響徹雲霄。

「機會來了！衝啊！」

另一邊，紅隊的觀眾席開始唉聲嘆氣。

「唉，沒希望了，比賽結束了……」聽到此起彼落的嘆氣聲，跌倒的紅帽同學一副快要哭出來的樣子。

當時，我原本以為另一個人，也就是蒼空同學，臉上一定也是相同的表情，我看到他低著頭呻吟：「好痛啊！」

他一定很不甘心吧……

我光是想到這一點，就覺得不忍心。於是，我忘了為自己的隊伍加油，忍不住脫口而出：「不要放棄！」明明自己的隊伍就要獲勝了，我應該跟大家一樣開心才對。可是以這種方式獲勝的話，總覺得勝之不武，我不喜歡那樣。

周遭的加油聲蓋過了我這比蚊子還小的音量……沒想到蒼空同學突然抬起頭來，筆直地望向這邊，害我嚇了一大跳。

咦？他聽見我剛才講的話嗎？

我想應該不太可能，但蒼空同學正以絕不放棄的表情，目不轉睛的看著我。只不過是一眨眼的時間，我卻覺得時間彷彿靜止了……

接著，蒼空同學站起來，對著一起跌倒的同學說：「站起來！比賽還沒結束！」然後以飛快的速度開始往前跑！

蒼空同學奔跑的樣子，彷彿破風而行，原本落後桔平同學將近四分之一圈的距離，但差距逐漸縮短。跑過半圈操場之後，接下來，比的是體力了。只見蒼空同學的速度始終沒有變慢，反而越跑越快，甚至在最後一個彎道超前戴著白頭巾的選手。

接下來是最後的直線，他和桔平同學之間的距離縮短到只剩下兩公尺左右。

「我不會輸！」蒼空同學大喊一聲，身體前傾著衝過終點線。

我忍不住握緊拳頭！那一瞬間，我正為蒼空同學加油，但明明我和桔平同學才是同一組。

所有人都捏了一把冷汗，引頸期盼這場拉鋸戰的結果——

「第一名是紅巾隊！」裁判大聲宣布。

「哇啊啊啊啊啊！」蒼空同學高興得跳起來，紅隊大聲歡呼，桔平同學不甘心的搥了地面一拳。

白隊的人都目瞪口呆的看著這一切，但是，比起不甘心，更多的是被蒼空同學的努力感動。

「好帥啊……」觀眾席響起如雷掌聲。

我當然也不例外，因為他實在是太神了！我相信任何人只要親眼看到這一幕，都會認為蒼空同學很帥……特別是女生。

「理花同學，妳怎麼了？」百合同學的詢問令我猛然回神，她正一臉疑惑地看著我。

我不小心沉浸在回憶裡，不由得有些尷尬，連忙說道：「沒什麼。」不過，百合同學剛才的提議真是個好主意。嗯，明天是假日，趁媽媽去買東西的時候，邀她一起去好了。

我回家拜託媽媽，明天出門購物時，可不可以順便去看蒼空同學比賽，媽媽爽快的答應了。

「蒼空同學是投手啊？好厲害呀！」媽媽看起來很有興致。「可是，你既然要去，為什麼不在比賽一開始就過去呢？理花去加油的話，他一定也會很開心吧？」

嗯……我有點不知道要怎麼跟媽媽解釋，只好避重就輕的回答：

「呃……我怕蒼空同學會緊張。」

「會嗎？蒼空同學會緊張嗎？」話雖如此，媽媽還是答應陪我去。

社區公園在車站的另一邊，周圍都是住宅區，是個寬敞的公園。除了網球場，還有很大的棒球場，四周種了很多樹。但是停車場很小，幾乎所有人都是走路或騎腳踏車過來。

班上有很多女生都守在三壘側的觀眾席，為蒼空同學加油，她們發出刺耳的尖叫聲：「蒼空同學加油！」

為了不希望被人發現，我刻意坐在另一邊，也就是一壘這邊的樹蔭下，把帽簷壓得很低。一旁的媽媽看到三壘那邊的盛況，語帶佩服的說：「蒼空同學好受歡迎啊……幾乎可以成立後援會了。原來如此……要加入她們確實需要一點勇氣呢！」

我點頭如搗蒜，現在雖然還沒有正式的後援會，但只要有人帶頭成立，應該會有很多人加入吧？

「我可以體會她們的心情……蒼空同學真的很帥呢！」媽媽望向球

場的視線，像是看到什麼耀眼的光芒。

啊？就連在媽媽這個大人的眼中，也覺得蒼空同學很帥嗎？我為此感到不可思議。下一秒，蒼空同學就從投手丘奮力投出一球。砰！球發出一聲紮實的巨響，不偏不倚的落入捕手的手套裡。

「好球！三振出局！」裁判大聲宣布。

哇啊啊啊——觀眾席都沸騰了，坐在我們前面的大叔念念有詞：

「那位投手的球速好快啊！控制力也很好，似乎不容易打中呢！看來要從這孩子手中得分挺困難的。」

我聽到這些話時，就像自己受到讚揚般，整個人飄飄然的。可是媽媽卻有些坐立不安的樣子。

「一壘這邊好像都是為對方加油的人。」媽媽壓低聲音提醒我。這麼一來，坐在這裡就不太方便大聲為蒼空同學加油了。

「我們要不要過去三壘那邊坐呢？」媽媽提議。

可是，如果去那邊就會遇到班上的女同學，有些傷腦筋啊！我感到左右為難。媽媽聽到三壘持續傳來震耳欲聾的熱情喊叫，似乎明白了我的顧慮，不再多說，我們就繼續留在原地觀賞比賽。

嗯，只要安靜的在心裡加油，就可以了！

下一局，一名跑者上壘，輪到蒼空同學站上本壘板，正是得分的好機會，只見投手投球，蒼空同學揮棒。雖然他的揮棒落空，但是力道還是強到令我大開眼界，以為他的周圍颳起龍捲風了。

頭盔底下，蒼空同學的眼神強而有力，正瞪著敵隊的投手，跟平時溫柔的他簡直判若兩人。

投手投球，這次蒼空同學打中了，可惜是個界外球。

「哇！好危險。還以為是全壘打……太厲害了。」大叔喃喃自語。

「現在這樣是兩好球，再一球就出局了……。加油，蒼空同學。」

媽媽小聲的說明。

我也屏住呼吸、目不轉睛，看著蒼空同學，在心裡為他加油！

咻地一聲，只見球從投手的手中飛出去，蒼空同學揮動球棒，發出巨大的炸裂聲響。

我以為球消失了，與此同時，三壘方向傳來震耳欲聾的叫聲：「哇啊啊啊啊——」

只見球飛向外野，在草皮上滾得老遠。對方的球員手忙腳亂，趕緊追著那顆球跑。這時，跑者已經跑回本壘，拿下一分，記分板上出現了「1」的數字，一壘這邊發出嘆息。蒼空同學踏上三壘的壘包，擺出勝利手勢。

「哇，三壘安打！真有一套……」媽媽激動的說。

比賽還在繼續，進展到一比零，由蒼空同學的隊伍領先，即將進入最後一局。

「最後一局啦……真希望能拿下一分啊！」大叔說道。

蒼空同學輕輕鬆鬆的三振掉對方的球員，一口氣就兩出局了。我心想，這下勝負應該已成定局。

「現在只要再有一人出局就行了，對吧？那不是贏定了嗎？」我小聲地偷偷問媽媽。

媽媽苦笑著告訴我：「有句話說，棒球是從兩人出局才開始。直到最後一局都不曉得會發生什麼事，所以千萬不要移開視線喔！」這麼說來，我想起媽媽今年夏天也是棒球轉播的忠實觀眾。

可是……只要是蒼空同學，一定沒問題的！只要再解決一個人，比賽就結束了。

於是我也以輕鬆的心情觀賽，沒想到——蒼空同學的隊友，負責防守三壘的人不小心失誤，讓打者順利站上一壘。

「啊！有人上壘了……」媽媽說道。

我還沒反應過來，這次換一壘的人失誤，第二名跑者也站上壘包。

呃……應該不要緊吧？我雖然這麼想，但心臟還是撲通撲通的狂跳。

只見一壘這邊的加油聲越來越熱情。

「這時候，要是被擊出再見安打，對方就會逆轉勝了！」

「再見安打？」見我一頭霧水，媽媽向我解釋：「一旦被對方拿下兩分，就算是對方贏了。」

這、這還得了！我嚇得臉色鐵青。

只見蒼空同學大大地深呼吸，然後投出一球！或許是因為壓力的關係，始終投不進好球帶。結果以四壞球保送對方上壘，造成滿壘的局面，更糟的是，接下來的打者看起來也不好對付。

明明只要再一個人出局就行了！觀戰的我覺得壓力好大，都快要喘不過氣來了。

「要是沒有那個失誤就好了，投手也真不容易啊！」大叔自言自語，語帶同情。

終於來到兩好三壞的滿球數，接下來如果不是好球會怎麼樣呢？我滿心疑問的看著媽媽，媽媽面色凝重的說：「如果再投出一個壞球，就會以四壞球保送的方式讓對方追平比數，萬一讓對方擊出安打，若有兩名跑者能奔回本壘，就會直接輸掉這場比賽……蒼空同學陷入重大危機了，要撐住啊！」

沒想到局面一下子就被逆轉了，我嚇得下巴都要掉下來，但仍雙手合十，祈求上天：「蒼空同學，加油！」

我周圍的歡呼聲越來越響亮，相較之下，蒼空同學的隊友則是表情越來越僵硬。不止表情，就連動作看起來也很僵硬。

蒼空同學站在投手丘上，一直盯著地面。我在那張臉上看到三年級接力賽時，低著頭的蒼空同學……

「蒼空同學，不要放棄！」我忍不住吶喊起來！

正要投球的蒼空同學突然放鬆肩膀的力氣，視線飄忽不定。然後，他的視線掃到躲在樹蔭下的我——

咦，他看到我了？

可是我躲在樹蔭下，應該不太可能吧？緊接著，我看到蒼空同學原本緊緊抿成一條線的嘴角，流露出一抹笑意。他的眼神越來越堅定，表情跟當年接力賽跌倒後，重新振作起來的時候一樣——那是不放棄的表情……

我不禁怦然心動。

蒼空同學一骨碌的向後轉，朝隊友精神喊話：「喊出聲音來！滿壘算什麼？已經兩出局了！只要再一人出局就贏了！」他的聲音讓隊友僵硬的表情頓時放鬆下來。

「放馬過來！」三壘那一頭的觀眾席也發出加油聲。

我看到蒼空同學繞了繞手臂，用盡全力朝捕手的手套投球——鏘！一聲巨響，只見球高高地飛向內野的上空。

「交給我！」

白球緩緩落下，「砰」地一聲！落入捕手的手套裡。

「三人出局！比賽結束！」

裁判揮動著雙手，大聲宣布。

這時，三壘側的觀眾全都叫了起來：「哇啊啊啊！」現場歡聲雷動。

「太棒了！」我情不自禁地擺出勝利的手勢。

此刻，我看到前面的大叔嘆了一口大氣，轉過頭來對我說：「看來那個投手聽到妳的聲音了。」

什麼？我疑惑的猛眨眼。

所以我覺得蒼空同學剛才好像在看我，並不是我的錯覺嗎？

見我一臉茫然，大叔苦笑。「因為如果不是這樣，我們的隊伍就會勝利了。」

我大驚失色！連忙四下張望，只見身邊圍滿了跟大叔同樣表情的人，媽媽的臉色也逐漸變得蒼白。糟糕！這裡是對方的觀眾席！

救命啊！「對不起！打擾了。」我們趕緊起身落荒而逃。

我和媽媽騎上腳踏車先離場回家，避免被班上的其他同學撞見。不過……幸好我來了，蒼空同學實在太帥氣！我的腦海中浮現出蒼空同學的另一張臉。

那是棒球帽換上頭巾、制服換成圍裙、手套換成調理盆、球棒換成打蛋器，卯足勁在實驗室攪拌麵糊的蒼空同學。

一想到只有我看過蒼空同學的這副模樣，就覺得好高興，高興得整個人都快要飛上天了……

★參考文獻★

《食物與廚藝》（On Food and Cooking）哈洛德・馬基（Harold McGee）著，邱文寶、林慧珍、蔡承志譯

《烹飪的科學》（The Science of Cooking）斯圖亞特・法里蒙（Stuart Farrimond）著，張穎綺譯

「蘋果大學」網站：https://www.ringodaigaku.com/top.html

下集預告

理花
葉大哥！這到底是怎麼回事？

葉大哥
……我已經不能回頭了。

理花
蒼空同學不在的這段期間，
我一定要想想辦法……！

沒有甜點師傅的Patisserie Fleur
理花正面臨重大危機——

理花
該怎麼解開這個謎團……

蒼空
怎麼回事？這就是「夢幻甜點」嗎……？

狀況百出！

分隔兩地的最佳拍檔
面對的未來是!?

理花
只要兩人同心協力，一定能抵達
我們的「殿堂」！

故事館

故事館 029

理科少女的料理實驗室4：依依不捨的酸甜蘋果派

理花のおかしな実験室〈4〉ふたりの約束とリンゴのヒミツ

作　　者　山本 史
繪　　者　nanao
譯　　者　緋華璃
專業審訂　施政宏（彰化師範大學工業教育系博士）
語文審訂　張銀盛（臺灣師大國文碩士）
責任編輯　陳彩蘋
封面設計　許貴華
內頁排版　連紫吟・曹任華

童書行銷　張惠屏・侯宜廷・林佩琪・張怡潔
出版發行　采實文化事業股份有限公司
業務發行　張世明・林踏欣・林坤蓉・王貞玉
國際版權　施維真・王盈潔
印務採購　曾玉霞・謝素琴
會計行政　許俽瑀・李韶婉・張婕莛
法律顧問　第一國際法律事務所　余淑杏律師
電子信箱　acme@acmebook.com.tw
采實官網　www.acmebook.com.tw
采實臉書　www.facebook.com/acmebook01
采實童書粉絲團　https://www.facebook.com/acmestory/

I S B N　978-626-349-379-7
定　　價　320元
初版一刷　2023年9月
劃撥帳號　50148859
劃撥戶名　采實文化事業股份有限公司
104台北市中山區南京東路二段95號9樓
電話：(02)2511-9798　傳真：(02)2571-3298

國家圖書館出版品預行編目資料

理科少女的料理實驗室. 4, 依依不捨的酸甜蘋果派 / 山本史　作 ; nanao 繪 ; 緋華璃譯. -- 初版. -- 臺北市 : 采實文化事業股份有限公司, 2023.09
272 面 ; 14.8×21 公分. -- (故事館 ; 29)
譯自 : 理花のおかしな実験室. 4, ふたりの約束とリンゴのヒミツ
ISBN 978-626-349-379-7(平裝)
1.CST: 科學 2.CST: 通俗作品
307.9　　112011156

線上讀者回函

立即掃描 QR Code 或輸入下方網址，連結采實文化線上讀者回函，未來會不定期寄送書訊、活動消息，並有機會免費參加抽獎活動。

https://bit.ly/37oKZEa

RIKA NO OKASHINA JIKKENSHITSU
Vol.4 FUTARI NO YAKUSOKU TO RINGO NO HIMITSU

First published in Japan in 2021 by KADOKAWA CORPORATION, Tokyo. Complex Chinese translation rights arranged with KADOKAWA CORPORATION, Tokyo through Keio Cultural Enterprise Co., Ltd.

采實出版集團
ACME PUBLISHING GROUP